いざ高次元世界へ

―精神文明の夜明けに―

周藤　丞治

はじめに

果てしなく広がる宇宙。

その中で何にも支えられず、ただぽっかりと浮かんでいる地球。

その表面で、私たちはあるとき突然生まれて、いずれ突然なくなってしまう。夜空を見上げればたくさんの星があるが、その星々の表面に私たちの仲間はいない。ロケットを飛ばしたり電波を送ったりして、遠い遠い宇宙まで探してみても仲間は見つからない。

私たちは何を頼れるでもなく、何に守られるでもなく、ただ地球の表面にしがみついて、孤独に宇宙を漂っているだけなのだ……。

私たち地球人類は皆、物心ついて間もなく、誰に教えられるでもなく、このことを事実として知らされます。

それまで自分の周りに当たり前のように存在して、自分を支え見守ってくれていたはずの世界。「事実」を知らされた私は、この世界が何だか急に頼りないもののように感じられて、どうしようもなく不安な気持ちになったのでした。あまりのショックに身体が震えてしまい、とっさに小学校のトイレに閉じ籠もって、手を握りしめながら震えが収まるのをじっと待った……、そのときでした。

「私たちはいつでもお前のことを見守っているよ。安心して良いんだよ」

すぐそばで、そんな声が聞こえた気がしました。思わず周りを見渡しましたが、誰もいません。不思議に思いましたが、怖いとは感じませんでした。そして、気が付くと身体の震えは止まっていました。いま思うに、あれは私が地球に生まれてから初めて聞いた、目に見えない世界からの声だったのでしょう。短い言葉でしたが、どこまでも優しく、どこまでも暖かく、愛に満ちた響きでした。

目に見えない世界に、私を見守ってくれる人々がいる。このとき私は、幼いながらもそのことをはっきりと理解したのでした。その後、目に見えない世界からの声を聞くことは長い間ありませんでしたが、それでも不思議とその理解が揺らぐことはありませんでした。

小学校、中学校、高校と学年が進んでいくにつれて、私たちは常識を身に着けていきます。宇宙人はいない。空飛ぶ円盤はまやかしだ。幽霊はいない。人が生まれる前には何もなく、亡くなった後には何も残らない。人生は一度きりだからこそ尊いのだ。私もこうした考え方が現在の地球世界で常識とされていることを知りましたし、なぜこれらが科学的に正しいと考えられているかもよく理解してきたつもりです。

ところが、そうした常識を信じ込もうとすればするほど、「この世界がそんな頼りないものであるはずがない」という信念が、心の奥底から強く湧き上がってくるのでした。

この世界にはもっとしっかりした仕組みがあるはずだ。宇宙人はきっといる。それもすぐそばにいる。あのとき私の隣で話しかけてくれたように。きっと今の地球人類には想像もつかないところにいるから、見つからないだけなんだ。

そして、宇宙人の中には、そうした世界の仕組みをちゃんと知っている人々がいるはずだ。円盤の仕組みも、幽霊の正体も、人が生まれて亡くなるときに何が起こるかも。そういう人々にいつか会いたい。そして、その仕組みを一から十まで教えてもらうんだ。……そう思わずにはいられなかったのです。

そんなものは子供じみた空想だ、と片付けることもできるでしょう。勉強が足りない、世間知らずの子供が考えることだと。他でもない私自身が、心のどこかでそう思い続けてきました。だからこそ、誰にも負けないくらい一生懸命に勉強をしました。常識も身に着けてきたつもりです。しかし、そうやって否定しようとすればするほど、心の奥底にある信念は堅くなり、熱くなり、その輝きを増すばかりだったのです。

地球よりも遥かに進んだ文明を持っている宇宙人が、私に会いに来てくれる。世界の仕組みを完璧に理解している宇宙人が、私に教えに来てくれる。そんな夢を数え切れないほど見ました。そして私は、ただ待つばかりではなく、そういう宇宙人と会うにはどうすれば良いのかを真剣に考えるようになったのでした。

目に見えない宇宙人と会うのに、目に見える物質は何の役にも立たないだろう。ならば、心で繋がるしかない。そのためには精神や意識の状態を整える必要がありそうだ。では、どう整えれば良いのだろうか。きっと類は友を呼ぶのだろう。同じような心持ちでいれば、いつか心が繋がって、会うことができるのではないだろうか。

私が会いたいのは、世界の仕組みを完璧に理解している宇宙人だ。彼らは世界全体に広がる、途轍《とてつ》もなく大きな視野を常に持っていることだろう。ならば、私も同じように、大きな視野を持てば良いはずだ。自分のことばかり考えるのではなく、家族のこと、友達のこと、日本のこと、地球のこと、宇宙のこと、そして（目に見えない世界も含めた）世界全体のことを考えるんだ。

最初は単にイメージしてみるだけでも良いかもしれない。だんだんそのイメージをよりリアルなものにしていきながら、自分が自分という殻を抜け出して、やがて世界全体と一体になるような、そんな心持ちになれたら良いのではないだろうか……。

そう考えた私は、高校の勉強の合間を見つけては座布団に座って胡坐を組み、呼吸を整え、仏教などに古くから伝わる印を結んで、深い瞑想に入っていきました。目指すのは梵我《ぼんが》一如《いちにょ》※の境地です。どんどん宗教的になっていく自分に少しばかり戸惑いを感じつつも、世界の仕組みを知りたい、宇宙人に会いたいと願う一心で、自ら進んで精神修養に励むようになりました。

※梵我一如：梵（ブラフマン：宇宙を支配する原理）と我（アートマン：個人を支配する原理）が同一であること、または、これらが同一であることを知ることにより、永遠の至福に到達しようとする思想。古代インドにおけるヴェーダの究極の悟りとされる。

様々な瞑想を、自分で考えたり本で読んだりしては、思いつくままに実践していきました。初めのうちは試行錯誤の繰り返しでしたが、しばらくすると、なんとなく自分なりのスタイルが出来てきました。

背筋を伸ばして静かに目を瞑り、肉体から力を抜き、精神だけを集中させると、目の前に白い光の玉が見えてきます。その光の玉が揺れ動かないように精神をコントロールすると、肉体からさらに力が抜けて、呼吸が深くゆっくりになります。精神はどこまでも静かで落ちついた状態になっていきます。波一つ立っていない湖面のようなイメージです。

この状態をしばらく保つと、不思議なことに、肉体の感覚が薄くなっていくのが感じられます。肉体が感じられなくなり、精神こそが自分ではないかと感じられるようになるのです。

肉体を持って生きている私たちは、ついつい肉体が自分そのものであると錯覚してしまいます。しかし、それは実は正しくありません。私たちは肉体だけでなく、精神を持っています。深い瞑想をして肉体の感覚を薄めていくと、精神そのものである自分を思い出すことができます。それにつれて、精神があるからこそ、肉体が存在し、動き、様々な経験を積むことができるのだということが分かってきます。肉体よりもむしろ精神こそが、自分にとって本質的なものなのだと、感覚的に理解できるようになるのです。

他にも様々な瞑想の方法を試しました。その中には、役に立ったものも立たなかったものもありましたが、いま思うにそれらはすべて、私がその後に体験したことの準備になっていたようです。

こうした日々を過ごすうちに、再び目に見えない世界からの声を聞く日は、突然のように訪れました。私は大学生になっていました。

「今から修行を始める」

その言葉を皮切りに、私はいくつかのことを知らされました。目に見えない世界は、やはり物質を超えた精神の世界でした。そして、精神の世界は、物質が存在する3次元世界には収まり切らず、それを超えて広がる高次元世界だったのです。

その日から7年間、私は目に見えない人々から、高次元世界の仕組みを教えてもらうことになります。そこで感じたのは、いつかのような優しさや暖かさばかりではなく、その何万倍、何億倍もの厳しさがありました。しかし同時に、その奥にはいつも、すべてを包み込むような愛が輝いているのを感じていました。

私はこうして、幼いころからの夢を叶えることができたのです。少なくとも私はそう思っています。

しかし、残念ながら今はまだ、それを証明することは出来ません。こうした精神の体験はすべて、私の肉体の脳にある断片的な記憶が寄せ集められて出来た、単なる幻覚かもしれないからです。それを完全に否定できるだけの根拠を、残念ながら私はまだ持ち合わせていません。また、そうした精神の体験と幻覚とを選り分けられるほど、地球人類はまだ意識の仕組みを理解できていないのです。

ただ、だからといって私に打つ手がないわけではありません。私が教えられてきた高次元世界の仕組みを、地球世界の言葉ですべて表現することができたら、どうでしょうか。そこに論理的な矛盾がなく、科学の一分野として成立させることができたら、どうでしょうか。さらに、それを活かして新しい科学技術を生み出すことができたら、どうでしょうか。

それができれば、幻覚であれ何であれ、私は何かしらの方法で、今まで地球人類が知らなかった世界、高次元世界の仕組みを知る体験をしたということが、確認できると思うのです。

本書では、そうした私の試みについてお話ししていきたいと思います。私が高次元世界の仕組みをどのように捉えていて（第1部）、どのように表現して（第2部）、どのように活かしていこうと考えているのか（第3部）。それらを出来る限りわかりやすく表現しながら、お話ししようと思っています。

そんなお話を始めるにあたって、皆さんにまずお伝えしておきたいことがあります。それは、高次元世界は愛そのものの世界である、ということです。愛に満ち溢れ、すべてが調和し、優しく、暖かく、そして気高く……。そういう世界だということです。

言ってみれば、現在の地球世界とはかけ離れた世界です。まるで常識が違います。ですから、矛盾するようですが、高次元世界について知ろうとする人は最初、驚き、戸惑い、疑い、苦しむことになるかもしれません。私はそうでした。

高次元世界では、見ること聞くこと感じることすべてに愛が溢れ、完璧に調和していま す。それを体験した後、地球世界に意識を戻すと、あまりの違い様にただただ絶望し、苦しむことになってしまうのです。愛と調和の世界を知ることが、どうしてこれほどまでに苦しいのか。当時の私は訳が分からず、ただ耐えるしかありませんでした。

昼間は大学生として地球世界の勉強をして、夜は高次元世界の勉強をする。これは、いま思い出しても恐ろしくなるほど、想像を絶する苦しい修行でした。本当に、気が狂う一歩手前までいったのです。完璧な愛と調和の世界を知りながら、苦悩と絶望の中をさまよう自分は滑稽だとも思いました。それでも、そこから逃れることはできませんでした。

しかし、そうした修行を積み重ねていく中で、私は実に多くのことを学びました。物質世界の外には物質を超えた精神の世界があり、さらに外には生命そのものが現れた世界があり、さらには究極の一なる光である、究極の存在がある。究極の存在は世界のすべてであり、愛そのものであり、調和そのものである。このような高次元世界の姿や仕組みを確かに理解し、心の底から納得することができたのです。

7年間の修行が終わったころ、私は大学から学位を授与され、地球世界で物理学者として歩んでいく道が用意されました。私としては地球世界と高次元世界の間で苦しみ抜いただけでしたから、学者として生きていく自信などありませんでした。それにも関わらず、今まで無事に学者として歩んでこられたのは、奇跡に近いことだと思っています。ひとえに、目に見えない存在たちが懸命に見守り導いてきてくれたおかげなのです。

ならば、そういう私にこそ出来ることがあるのではないかと思うのです。いまや、物質を超えた高次元世界が感じられる、スピリチュアルな人々はたくさんいます。それぞれの人にファンや理解者がいます。しかし、それぞれの人がそれぞれのイメージで高次元世界を漠然と捉えていたのでは、これから先も大した発展は望めないと思うのです。そろそろそれらのイメージを集約して、確固たる理解を形作っていくべき時期が来ているのではないでしょうか。私はこれこそが自分の天命、自分がいま地球で生きている目的であると考えています。

ただ、そうした確固たる理解を、日常の言葉で表現するのは非常に難しいと思います。日常の言葉には人それぞれの先入観が含まれてしまっていて、そうした理解を共有するには限界があるからです。したがって、なるべく客観的で論理的な言葉を使って表現する必要があります。それはすなわち、数学の言葉であると思うのです。

また、そうした理解を形作る際には、物理学の考え方を土台にするのが良いと思います。物理学は、いまや物質世界の仕組みをかなり正確に解明してきています。残念ながら、スピリチュアルな人々の中には、地球の物理学は間違っていると一刀両断する人々が少なくありません。しかし、地球人類が数百年かけて様々な思考や実験を積み重ね、様々な批判を耐え抜いてきた考え方のみを集めた学問が物理学です。それを安易に否定すべきではないと、私は考えています。

もっとも、物理学が今まで物質世界にばかり注目し過ぎたという批判は、正しいのでしょう。これからは精神世界にも注目して、物理学に組み入れていく必要があると思います。実はその兆候は既に現れてきています。高次元世界の研究が、物理学の一分野として確立してきているのです。ただ、物理学者にとっての高次元世界とは、現時点では物質世界をよりよく理解するための数学的な道具に過ぎません。それがすなわち精神の世界であるとは、まったく考えられていないのです。

スピリチュアルな人々は、高次元世界がどのようなものであるかを感じて知っていますが、それを正確に表現することはできません。一方で、物理学者は、高次元世界を表現する方法は知っていますが、それがどのような世界であるかは理解できていません。こうした両者の理解をうまく融合させることが出来れば、高次元世界について確固たる理解を形作っていけるのではないでしょうか。私はそう考えています。

私自身がスピリチュアルな人間として感じている高次元世界。また、私が信頼するスピリチュアルな人々が感じている高次元世界。一方、私が物理学者として知っている、数学で表現される高次元世界。また、私が信用する研究者たちが、やはり数学で表現している高次元世界。これらを私なりに融合させてみると、高次元世界には間違いなくこういう仕組みがあるのだろうと、心から納得できるものが浮かび上がってくるのです。

様々なイメージや議論が混ざり合っている中で、本書では私自身が納得できている上澄みの部分だけを掬《すく》い取って、皆さんにお伝えしていこうと思います。その際、前述のとおり数学の言葉を使うことになりますが、馴染みのない方々にも理解していただけるように、なるべくわかりやすく説明していくつもりです。

もちろん、こうした高次元世界の説明が科学として認められるようになるには、これから様々な試練を乗り越えていかなければなりません。論理的に矛盾はないか、そして実験によって正しさを証明することができるか。これまでの物理学がそうであったように、様々な疑問や批判にさらされて、それらをすべて耐え抜いてこそ、地球人類が共有できる確固たる理解を作り上げることができるのです。

ですから、本書の内容が完成形であるとは、私自身まったく考えていません。いま必要なのは、高次元世界とは一体どういう世界であるのか、大雑把で良いのでその全体像をまず描き上げてみることだと思います。そして、それを叩き台にすれば良いのです。高次元世界にはどういう仕組みがありそうか。その仕組みがあることを確認する方法はありそうか。さらに、その仕組みを使って新しい技術は作れそうか。そうやってたくさんの試行錯誤を繰り返しながら高次元世界を理解していくプロセスを、今まさに始めることが大切であると私は考えています。

高次元世界を理解し、その仕組みを使いこなせるようになれば、やがて人類は現在の物質文明を超えた、新しい精神文明を創り上げられるようになるでしょう。これは決して遠い未来の話ではなく、きっと今後数十年のうちに、その大部分が完成することでしょう。

そのころ生まれてくる子供たちが、物心ついて自分の周りに広がる世界に関心を持ち始めたときには、地球人類の常識として、こう教えられるようになりたいと私は思っています。

地球は、大きな宇宙に包まれて、守られながら浮かんでいるんだよ。同じように、すべての物質は精神に、精神は生命に、生命は究極の愛に包み込まれて、守られているんだよ。だから、私たちは皆、いつも愛を受けながら生きているんだ。地球に生まれる前も亡くなった後も、肉体（物質）は無いけれど、精神や生命は究極の愛を受けて、いきいきと存在し続けるんだよ。たとえ自分がどんなに孤独に思えても、この世界がどんなに厳しいものに感じられても、私たちはそうやっていつも守られて、愛されているんだよ。

新しい精神文明を創り上げていくために、私たち一人ひとりが高次元世界のことを知り、自分に何が出来そうかを真剣に考えて、行動を起こしていく時期が来ているのではないでしょうか。

私たちがいま地球で生きているのは、そのためだったのではないでしょうか。私はそう感じています。そして、本書がその手助けになることを願っています。

２０１７月３月

著者しるす

もくじ

第1部

私が見た高次元世界

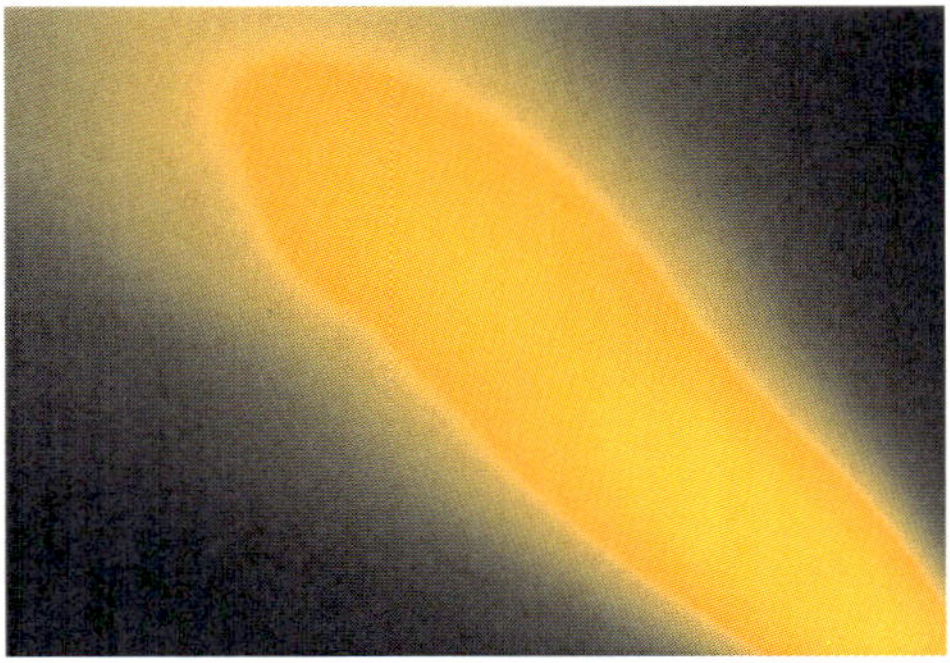

大学生の夏休みは長い。休み明けの試験の準備はとっくに終わった。それなのに、休みはまだ一ヶ月以上も残っている。先ほど大学の友人からお誘いが来たが、あいにく帰省しているので断るしかない。そういえば、時間ができたらやろうと思っていたことが、いろいろあったような気がする。だが、それが何であったか、今は思い出せそうにない。

高校生までは、いま自分が何を勉強するべきか、いつも誰かが教えてくれたように思う。大学に入ったら違いますよ、自分で勉強することを見つけるんですよと、高校の先生から聞いてはいた。しかし、いざ自分で考えてみたところで、すぐに見つかるものではなさそうだ。

何を勉強するべきかというのは、自分がこれから何を目指すのかという問題に関わってくる。そして、自分が将来どのように生きていくのかという問題に繋がる。はっきりとは見えない将来というものについて真剣に考えないと結論が出せない、なかなか難しい問題なのだ。すぐに見つからなくても無理はない。

もっとも、そういう難しい問題こそ、時間がたっぷりある今のうちに考えておくべきなのかもしれない。ところが、人間というのはどうも困ったもので、急に時間がたっぷり与えられると、何だか眠くなってしまうようだ。これでは自分の将来について真剣に考えるなど、とても出来そうにないな……。

結局、何もすることが思いつかなかった私は、仕方なくリビングのソファにごろっと横になったのでした。「親にだらしないと注意されたら、どんなふうに言い訳しようか」などとくだらないことを考えていると、いつの間にかうとうとしてしまいました。

どれくらい時間が経ったでしょうか。急に若い男性の声が響いてきました。

「今から修行を始める」

私は驚いて目を覚ましました。うたた寝していたとは思えないほど、その声ははっきりと聞こえたのでした。外から話しかけられて耳で聞こえたというよりも、私の身体の中から声が湧き出てきて、胸の辺りに響いたように感じました。とても不思議な感覚でした。

その声はこう続きました。

「本棚に『神との対話』という本があるだろう。今すぐ読みなさい」

『神との対話』（サンマーク出版）というのは、当時話題になっていた、ニール・ドナルド・ウォルシュ氏の本のことです。親が買って本棚に置いていたことは知っていましたが、私はまったく興味が湧かず、それまで手に取ろうとしたことすらありませんでした。かといって、他にやることも思いつきません。とりあえず暇つぶしくらいのつもりで、言われるままに読んでみることにしました。すると、これがなかなか面白いのです。

著者が神に手紙を書くと、神からの返事が心に響いてくる。それを書きとめて、また神に手紙を書く。そうやって神との対話を進めていくにつれて、著者が自分の人生の中で感じてきた様々な疑問が解けていく。すると、自分が何のために生きているのかがわかってくる。神と人間の関係性も理解できるようになってくる。そして、この世界の仕組みが少しずつ見えてくる。そういうストーリーでした。

対話の内容はユーモアに富んでいて、神がたびたび言葉遊びを使って説明するシーンは特に印象深く心に残りました。私は引き込まれるようにして、全3巻を一気に読み終えました。

最初はソファに寝ころびながら読んでいたのですが、気付くと自分の机に座って真面目に読んでいました。そして、読み終えた3冊を眺めながら、ふと思ったのです。「自分にも同じようなことが出来るのだろうか……」と。すると、それに応えるかのように、またあの声が響いてきました。

「よし。今日からお前のことを指導する。お前はこれから生涯を掛けて、世界平和のために働く。お前には使命がある。その使命を達成するまで、お前のことは何があっても守る。苦しいことも危険なこともあるが、命だけは必ず助ける。たとえ死にたくなっても死なせないからな。覚悟は良いか」

あまりに突然のことで、何のことやらわかりませんでした。ただ、世界平和のために働けるならば働きたいという気持ちは、幼い頃から常に心のどこかにあったのでした。世界を平和にする方法はないものかと、いつも自分なりに考えていたのです。

世界が平和になるには、世界中の人々が一人残らず「平和でありたい」と思うようにならなければいけない。そう思わせるには、「他人と争って追い落としたり傷つけたりしても、自分が得をするならばそれで良い」と考える人々が出てこないように、世界の仕組みを変える必要がありそうだ。

皆が競い合って努力することは、世界が発展し続けるためには欠かせない。しかし、お互いの努力を認め合って、平和を保ちながら競い合わなければ意味がないのだと、人類全員が納得できるような仕組みを作れば良いのではないか。

世界の仕組みを一番根本で支えているのは、科学だろうと思う。ならば、人類全員が純粋に平和を望むようになり、世界平和を実現できるような、何か新しい科学は作れないものだろうか。そのために何か自分にできることはないだろうか……。

そんなことを漠然と思い続けてきたのでした。もし世界平和のために働くことができるならば、本望ではないだろうか。とっさにそう思った私は、気付くとこう答えていました。

「はい。よろしくお願いします」

返事はありませんでした。しかし、了解されたことが何となく感じられました。その瞬間、私はこれから何を勉強し、何を目指し、将来どう生きていくのかが決まったのでした。そして、私にとっての「神との対話」が始まったのでした。その日から7年間、私は生きた心地のしない修行の日々を送ることとなったのです。

1章　アカシックレコード

修行とはいうものの、指導する声が響いてくるだけで、相手の姿形は見えません。その声は「自分のことを指導霊と呼ぶように」と言うだけで、どこの誰であるかは何も説明してくれませんでした。いや、おそらく説明はしてくれたのだと思いますが、私には理解できなかったのです。

神か悪魔か、狐か狸か……。正体のわからない、得体の知れない声に自らの行動を委ねるというのは、初めのうちは恐怖以外の何ものでもありませんでした。

例えば、よく「本屋に行きなさい」と言われました。言われた金額を財布に入れ、言われた通りに電車を乗り継ぎ、言われた本屋に入り、言われた階にある言われた本棚まで行き、言われた本を手に取り、「その人に渡しなさい」と言われた店員に本を渡して購入し、また言われた通りに家まで戻ってくる。そんなことが幾度となくありました。

途中で嫌になって逃げ出したこともありました。やっぱり自分は気が狂ったのだろうと思って、聞こえないふりをしたこともありました。ただ、そのときは逃げられても、また日を改めて同じことをさせられるだけだったのです。ならば逃げても仕方がないではないかと、やがて諦めるようになったのでした。

一旦諦めてしまうと、次はどんな本を読むことになるのか、徐々に好奇心が湧いてくるようになりました。というのも、指導霊が選ぶ本はどれも、私にとって興味深いものだったからです。

アカシックレコードへ行く方法

最初のころは、アカシックレコードに関する本をよく読まされました。アカシックレコードというのは、宇宙の過去から未来に至るまで、あらゆる情報が記録されていると言われている場所です。ただ、そこに肉体で行くことはできません。何故なら、アカシックレコードは物質世界を超えたところにあるからです。指導霊はそう教えてくれました。

物質世界を超えた世界があって、指導霊もそういう世界にいる。彼はこれを精神世界と呼びました。驚いたことに、私も物質世界に肉体があるだけでなく、精神世界にも姿形があるそうです。これは決して私が特別なのではなく、すべての人間はそうなっているのです。物質世界にしか自分がいないように感じるのは、物質世界に意識の中心を置いているからに過ぎません。精神世界に意識の中心を移せば、そこにも自分がいることがわかるのです。

指導霊はそれだけ説明すると、「意識の中心を移すために瞑想をしてみなさい」と言いました。高校生のころから瞑想をしてきた私にとっては慣れたものです。いつものように瞑想に入る準備を始めました。

すると、彼はそんな私に待ったをかけ、驚くほど細かい指示をたくさん出してきました。座布団を半分に折って厚くした状態で座ること。背筋は力を入れず自然に伸ばすが、そのとき下は地球の中心、上は地球の大気を超えて宇宙の奥深くを意識すること。全身の力を抜いていくとき、まず手から力を抜いていくこと。その他、力を抜いていく順番、そのときの呼吸の仕方、そのときイメージする事柄などを、一つ一つ手取り足取り教えてくれたのでした。

全身から力がきれいに抜けたことが確認できたら、自分が肉体からすっかり解放されて大きく広がっていく様子をイメージします。部屋を超え、街を超え、日本を超え、地球を超えて、宇宙に大きく広がっていくイメージです。次々と出される指示に戸惑いつつも、指導霊に言われた通りに瞑想をすると、実に気持ちよく深い瞑想へと入っていくことができました。

すっかり瞑想状態になると、「アカシックレコードに行こうと意識しなさい」と言われました。そう意識するとすぐに、目の前に霧のようなものが出てきました。しばらく待つと霧が晴れて、白い階段が現れます。大理石で出来ているような、きれいでしっかりとした階段です。それを一歩一歩、登っていきます。自分の足はぼんやりとしか見えませんが、階段を踏みしめる感覚ははっきりと感じられます。

33段ある階段をすべて登り終えると、大理石が敷き詰められた大きな広場に出ます。広場の向こうに大きな建物が見えるので、そこに向かって真っすぐ歩いていきます。その建物も大理石で出来ているようです。近づいていくと、直径3メートルほどの、円い膜のようなものが見えてきます。これが建物の入口のようです。

その膜の左右には、それぞれ狛犬のような像があります。遠くから見ると可愛らしい犬に見えるのですが、近くで見ると顔をしわくちゃにして睨みつけているような、すごい形相をしているのが何とも印象的です。建物も地面もすべてが白っぽくて、とにかく清潔なところだと感じます。


円い膜をすっと通り抜けると、アカシックレコードの中に入ることができます。入った瞬間、外と中で雰囲気ががらりと変わるのが感じられます。外はすべてが白っぽかったのに、中は黒っぽく見えます。外も静かではありましたが、中に入るとまったく音が聞こえなくなります。中は外より温度が低いように感じます。周りの様子を見てもはっきりとは見えないのですが、何か膨大なものが整然と並べられている様子が何となく感じられます。

気が付くと、目の前に小さなショーケースのような透明な箱があり、中には赤く綺麗に光り輝く宝石のようなものが浮かんでいます。そこに手をかざしてみると、視界がだんだんクリアになって、周りの音も聞こえてくるようになります。入口の付近は天井が吹き抜けになっていて、１階にも２階にもその上にも大きな書架がずらりと並び、膨大な数の本が置かれているのが見えてきます。あまり人の気配はなく、とても静かです。

言ってみれば、アカシックレコードというのは、精神世界にある図書館のようなものです。少なくとも私には、いつも図書館のようなイメージで見えていました。その中を指導霊と一緒に動き回りながら、自分の読みたい本を探していったのでした。

アカシックレコードの仕組み

それから数ヶ月間、私はアカシックレコードに行っては、指導霊と一緒に探検するという修行を繰り返しました。最初は文字通り右も左もわかりませんでしたが、何度か行くうちに少しずつアカシックレコードの仕組みがわかってきました。

物質世界にある図書館では、私たちは読みたい本がある場所を調べて、そこまで歩いていって本を探します。ところが、アカシックレコードは違います。「こういう情報が知りたい」と思うと、気付いたときにはその情報が書かれた本の前まで瞬間移動しているのです。物質世界と精神世界はこうも違うのかと、私はとても驚きました。精神世界にあるものは、すべて波動から出来ています。波動は、細かさや形が似ているとお互いに共鳴し合って、エネルギーをやり取りして繋がるという性質を持っています（テレビやラジオ、携帯電話やインターネットの無線ＬＡＮはすべて、こうした波動の性質を使っています。送信する側と受信する側が同じ細かさの電波を作ることで、共鳴を起こして通信しているのです）。

ですから、私が「知りたい」と思い描いた情報の波動と、ある本の情報の波動が似ていると、共鳴して繋がることがあります。波動が繋がると、繋がった相手が目の前に見えるようになるので、あたかも精神世界の中を瞬間移動したように感じるらしいのです。

実は、物質世界にあるものも同じく波動から出来ています。ならば、物質世界でも同じような現象が起きても良いはずですが、瞬間移動が起こることは滅多にありません。何故かというと、物質はなるべく同じ状態を保とうとする性質（慣性）を持つからです。

私たちも日常の体験から、精神は変わりやすく、物質は変わりにくいことを知っていますね。精神の状態はちょっとしたことでコロコロ変わりますが、物質を動かすにはそれなりの力やエネルギーが必要です。そのため、波動が共鳴して繋がるだけでは、物質は瞬間移動できないのです。

精神世界での瞬間移動を繰り返し体験するうちに、共鳴を起こすコツも掴めてきました。それは、知りたい情報があるときには、とにかく純粋に知りたいと思うことです。物質世界では、なぜ知りたいのか、知って何の得になるのかを考えることが習慣になっています。しかし、精神世界でそういうことを考えると、共鳴を起こすのに邪魔になってしまいます。知りたい情報とは違う波動を持ってしまうからです。純粋に知りたいと思えば思うほど、自分の精神の波動と知りたい情報の波動が似てきて、共鳴し合って繋がりやすくなるのです。

さて、そうして本の前まで移動したら、本を読もうとしますね。物質世界にある図書館では、本が見つかれば手に取ってページをめくって、自分の欲しい情報を読むことができます。それを理解できるかどうかは別ですが、情報に触れることは必ずできます。

ところが、アカシックレコードでは、その情報を受け取る準備が出来ていないと、本を読めないことがあるのです。本を触ろうとしても触れません。もし触れて本棚から取り出そうとしても、本棚から出てきてくれません。もし出てきてくれて本を手に取れても、中が開けられません。表紙も中のページもめくれないのです。もしページがめくれても、読むことができません。まったくの白紙に見えたり、見たこともない文字や記号が書かれているように見えたりしてしまいます。

ここでもやはり物質世界と精神世界は違うのです。物質世界の波動は物質として（例えば紙やインクとして）存在することができて、その物質は自分の状態に関わらず見て触れることができます。一方、精神世界の波動は物質になりません。すると、自分がその波動を受け取れる状態になっていなければ、見ることも触れることも感じることもできないのです。物質を介するか介さないかという違いが、こういう現象として現れてくるのです。これは私にとって衝撃的な体験でした。

波動を受け取れる状態になるには、心を穏やかに、静かに保つのがコツのようでした。つまり、深い瞑想状態を維持するということです。深い瞑想をしながら、純粋に情報を知りたいと意識するのは、最初はなかなか難しく感じられました。しかし、徐々に慣れていくうちに、やがて本を触って、手に取って、ページをめくって、情報が読めるようになっていったのでした。

なぜ心を静かに保つ必要があるかというと、精神世界では何かを思うと、即座にそれと似た波動が共鳴して繋がってしまうからです。嬉しいと思えば嬉しい感情の波動が、悲しいと思えば悲しい感情の波動が、自分を目がけて瞬間移動してきます。

そのような状態では、純粋に情報を受け取ることができません。そもそも精神世界へ行くときに既に深い瞑想に入ってはいますが、精神世界で穏やかに過ごすためには、さらに深い瞑想状態を保つ必要があるのです。

そうして無事に情報が受け取れるようになっても、さらに注意が必要です。同じ情報の波動であっても、受け取る側の状態によってまったく違うように見えることがあるからです。物質世界でも、受け取り方によって情報が違うように伝わってしまうことがありますね。精神世界では、それがもっと極端に違って見えてしまうのです。

先ほど、物質世界も精神世界も同じく波動から出来ていると言いました。物質世界の波動は、物質を作る素のようなものです。精神世界の波動は、物質の素を作る素のようなものだそうです。より細かい波動なので、一足飛びに物質を作ることはできないのです。

アカシックレコードもそういう細かい波動が集まって作られていますし、アカシックレコードに記録されている情報もすべて、それらの波動が組み合わさって表現されています。ですから、アカシックレコードは大理石でできた図書館に見える、その中にある情報は本に見えると言っても、精神世界の中に実際に図書館や本が存在しているわけではありません。私の精神がアカシックレコードの波動を受け取ったとき、その波動と近いイメージがある物質は図書館や本だなと判断したので、私にはそういうイメージが見えたというだけなのです。

そう考えると、アカシックレコードの見え方は人によって異なるはずですね。実は、私自身でも精神の状態が違うとき、いつもと違うように見えて驚いたことがありました。

アカシックレコードの中にはいろいろな部屋があるのですが、私が特に気に入っていたのは、壁に大きなステンドグラスがはめ込まれた、立派な教会のような部屋でした。ところが、あるときその部屋に行ってみると、どこかの小さな地方都市にありそうな図書館の一室のように見えたのです。豪華なステンドグラスも、平凡な蛍光灯に見えてしまったのでした。

このような体験を通して、私は精神の状態を整えることの大切さを学んでいきました。精神世界では、自分の精神の状態が整っていなければ、情報が受け取れません。受け取れたとしても、自分の状態に引き摺《ず》られたイメージで見えてしまいます。

物質世界では、そういう現象が起こらないので、精神の状態を整えなくても生きていくことができます。しかし、自分が物質世界に肉体を持つだけでなく、精神世界にも姿形を持って生きていることを知った以上は、物質世界にいるときでも精神を大事にして、その状態を整えておこうと考えるようになったのでした。

過去世や未来世について

アカシックレコードにはあらゆる情報が記録されているので、自分の過去世や未来世を見ることもできます。特に、自分の過去世を順番に眺めてみると、人というのは生まれ変わり死に変わりしながら、気の遠くなるような時間をかけて、少しずつ成長するものであることが理解できます。肉体は亡くなっても、精神は確かに生き続けて、成長し続けているのです。

自分が得意なことや苦手なことの原因を、過去世の中に発見することもあります。ただ、これには注意が必要です。例えば、いま抱えている不幸の原因を、過去世の中に見つけてしまうことがあるようです。しかし、だからと言って「過去世のせいだから仕方ない」と思っても、あまり意味がありません。大切なのは、今その問題と正面から向き合って、解決へと導いていくことです。

アカシックレコードを知ったがために、今ある問題の解決から遠ざかってしまうようでは、何のための体験かわからなくなってしまいます。過去世から引き摺っているものがあったとしても、決してそれを掴まずに、むしろ今それを捨て去るのだというつもりで、今を真剣に生きていくことが大切ではないかと思います。

誰しも、精神は常に発展途上です。だからこそ、日々いろいろな経験を積んでいるのです。経験を積む前は、誰もがひどく未熟だったのです。

酷い犯罪のニュースを聞いたときには、犯罪者を憎んだり蔑んだりする気持ちが出てくるでしょう。それを否定するつもりはありませんし、犯罪者は相応の刑罰を受けて反省するべきだと私も思います。ただ、私たちも遠い過去世においては、自我に任せて他人のものを盗んでみたり、他人を殺してみたりしたのです。

自我とは、自分と他者を区別する精神状態のことです。これを区別し過ぎると、自分さえ良ければ他者を傷つけても良いと考えてしまいます。しかし、生まれ変わり死に変わりするうちに、実は自分と他者は繋がっていて、他者を傷つけるといつか自分を傷つけることになる、と理解するときが来ます。すると、他者を傷つけることは意味がないとわかります。私たちはこうして自我に振り回される段階を卒業し、他者を思いやる経験を積むようになってきたのです。

実際、物質世界では自分と他者は肉体が分離していますが、精神世界では精神が波動で繋がっているので、自分と他者は完全には分離していません。そのことをたくさんの経験を通じて理解していき、過去の自分勝手な振る舞いを反省するという段階を、誰しも踏んできています。ですから、今その段階を踏もうとしている人がいても不思議ではありません。こうした視点を持つと、犯罪の見方もまた変わってくるのではないかと思います。

さて、アカシックレコードで過去世や未来世を見ていくと、いつの間にか違うアカシックレコードに来てしまうことがあります。私も自分の過去世を遡って調べていたときに、気付くとまったく違うアカシックレコードにいたことがありました。その過去世は、地球以外の星で過ごしたものでした。

どうやら違う星の情報は、違うアカシックレコードに記録されているようなのです。何故なら、星によって波動がそれぞれ違うからです。あまりに細かさが違う波動は共存できないので、それぞれ違うアカシックレコードが作られているのです。

このように、精神世界では波動の細かさが大切な物差しになっています。例えば、波動の細かさが似ているほど近いと感じ、違うほど遠いと感じます。物質世界では距離が離れているほど遠いと感じますが、精神世界では距離が離れていても、波動が似ていれば共鳴して繋がってしまいますので、遠いとは感じないのです。

また、自分の未来世を見ていくと、その中に今の自分を指導している存在（指導霊）を発見することもあるようです。ただ、私の指導霊は私の未来世ではなかったようです。いずれにせよ、未来の自分が現在の自分を指導できるということは、時間は現在から未来へと一つだけ流れているのではないことがわかります。これについては第2部で詳しくお話ししますが、物質世界を超えた高次元世界では、実は時間がいくつも流れているのです。

もちろん過去世や未来世だけでなく、今生《こんじょう》についても調べることができます。例えば、自分の寿命を見ることもできるのですが、面白いことに見るたびに少しずつ変わるのです。運命というのは大まかには決まっていますが、日々の行動の積み重ねで少しずつ変えていくことができるのでしょう。そんなことを教えられているような気がしました。

ただ、私としては、そういった情報が知りたくてアカシックレコードに通ったのではありません。精神世界の仕組みを知り、その使い方を学ぶことが目的だったのです。精神世界で情報を受け取るには、自分の精神の状態を整える必要があります。その感覚を養うために、あらゆる情報が集まっているアカシックレコードに通い詰めたのでした。そして、その感覚を頼りにいろいろな情報を集めて、精神世界の仕組みを理解していったのです。

面白いことに、一旦その感覚を身につけてしまえば、アカシックレコードに行く必要はなくなります。わざわざ行かなくても、知りたい情報の波動に自分の精神の波動を合わせることさえできれば、どこにいようが共鳴して繋がって情報を受け取れるからです。実際、私もアカシックレコードでの修行が終わった後は、ほとんど行かなくなってしまいました。

2章　竹内文書と日本の神々

修行が始まって半年ほど経ったころには、アカシックレコードでの修行が終わり、精神世界に気軽に出入りできるようになっていました。精神世界を自由気ままに動き回っていると、物質世界では体験できないことにたくさん出会います。それがだんだん楽しく感じられるようになっていきました。

寝るときには、よく幽体離脱をしました。精神世界を通ると、地球上のどこでも、遠い星でも、遠い宇宙でも、物質世界の行きたいところに行くことができました。精神世界は物質世界をすべて包み込むように広がっていて、物質世界のすべての場所は精神世界と繋がっていたのです。

ただ、私が本当に行けていたのか、今はまだわかりません。単なる幻覚だったのかもしれません。しかし、自分の精神をコントロールすることで、自分の見たいものが見られるという体験は、とても楽しいものでした。いえ、見ただけではありません。音も、触感も、匂いも、味も、すべてが物質世界で日常感じているよりも臨場感を持って、実にリアルに感じられたのです。こんな楽しいことができるなら修行も悪くないな、と思い始めていました。

そんなある日、突然「指導霊が変わるぞ」と言われました。

今までの指導霊も若い男性の声でしたが、次の指導霊はさらに若い男性の声に聞こえました。大学生の自分とあまり歳が変わらないように感じたほどです。彼は北欧風の名前を名乗って、その名前で呼ぶように言いました。そして、自分のことを兄だと思えと言ったのです。「厳しい指導になるが、お前のことを弟だと思って、愛をもって接する」と。それだけ言うと、早速指導が始まったのでした。

竹内文書の真偽について

指導霊が変わると確かに指導は厳しくなり、修行が本格化したように感じました。ただ、指導霊に言われた通りに本を買って読んで勉強するというスタイルは、基本的に変わりませんでした。そのとき、彼がまず私に読むように言ったのは、竹内文書《たけのうちもんじょ》に関する本でした。

竹内文書というのは、景行天皇や応神天皇、仁徳天皇に仕えた武内宿禰《たけのうちのすくね》という人物が書き残したとされる、日本の古代文献の一つです。歴史書として書かれているのですが、一般には偽書とされています。現在の科学ではその内容の真偽を判断することができませんし、そもそも武内宿禰が実在の人物だったのかもわかっていません。そのため、歴史書としては認められていないのです。

ただ、もし竹内文書が正しかったとしても、歴史書と呼ぶのは相応しくないかもしれません。というのは、書かれている話のスケールがあまりに壮大だからです。

まず、究極の神（元無極躰主王大御神《もとふみくらいのみのぬしおおみかみ》）が宇宙を創成するところから話が始まります。そこから神々が生まれ、その神々は天地を創り、地球を造ります。やがて、神々の子孫が地球に降り立ち、統治を始めます。そのとき降り立った地は日本の飛騨（日玉国）の位山《くらいやま》であり、その御方が最初の天皇（天日豊本葦牙気皇主身光天津日嗣天皇《あめひのもとあしかびきみぬしみひかるあまつひつぎあめのすめらみこと》）となりました。

すべての地球人類はこの天皇の子孫であり、地球人類の中心としての使命を脈々と受け継いできたのが歴代の天皇であるのです。その後、武内宿禰が仕えた景行天皇の時代に至るまで、地球世界がどのような紆余曲折を経てきたのか、その長大な歴史が詳しく描かれているのが竹内文書です。歴史だけではなく、宗教や哲学、物理学にまで跨《また》がる内容が、そこには記されているのです。

現在の科学では、人間のＤＮＡを解析した結果から、人類の起源はアフリカで誕生した女性であるという結論が得られています。ならば、竹内文書は間違っているのでしょうか。……間違っているのかもしれませんが、そう断定するのは時期尚早であると私は考えています。

現在の科学で解析できる人間のＤＮＡは、全体の数％だけです。残りの90％以上は何の情報も持たないゴミであると認識されているのです。ただ、本当にゴミだと思っている研究者はそれほど多くないようです。将来、科学が進歩すれば、今はゴミとして無視している部分も解析できるようになるだろうと期待されています。その部分に何か情報があるはずだと考えて、今日も熱心に研究している方々がいるのです。

その情報が読み取れるようになれば、人類の起源について理解が変わってくるかもしれません。そうした研究結果が出るのを待ってから判断しても遅くないのではないかと、私は考えています。

一方で、竹内文書の内容が正しいと信じる理由もないように思います。スピリチュアルな方々の中には、指導霊が読めと言った本ならば正しいと信じるべきだ、と考える方もいるでしょう。指導霊に言われたことはすべて肯定するべきで、「はい」以外の返事をしてはならない、と考える方は少なくないようです。

確かに、そうやって修行して成功した方もいるのでしょう。しかし、その反面、指導霊に言われたことしか信じられなくなり、それを周りの人々にまで押し付けて、他人の意見を聞こうとしない人間になってしまうこともあります。それは人間としていかがなものか、と私は思うのです。

私の場合、指導霊に言われてすぐに「はい」と返事をしたことは、ほんの数えるほどしかありません。「どうしてそんなことをするんですか」「何か意味があるんですか」などと返すことがほとんどでした。これは決して指導霊を困らせようと思っているのではなく、あくまで物質世界で言動を取るのは自分の肉体である、という認識を持っていたいからです。平たく言えば、自分の言動にいつも責任を持っていたいのです。

どうしてもすぐに言動を取る必要があるときは、指導霊は有無を言わさず私の肉体を動かしてしまいます。そのときはお任せするしかありません。しかし、そうでない限りは、自分自身で判断することを放棄すべきではないと思うのです。指導霊に読めと言われた本だからといって、正しいと信じ込む必要はないのです。

そのようなわけで、竹内文書の内容について、ここで私が真偽を判断することは控えようと思います。正しい部分もあるでしょうし、不正確な部分もあるでしょう。

特に明治時代末期、武内宿禰の子孫が竹内文書を公開するにあたって、天津教《あまつきょう》という宗教団体を創り、竹内文書をその経典と位置づけました。その際、意図的に書き換えた部分があるという噂があります。

例えば、神武天皇以降の年代を日本書紀と合致するように書き換えた可能性があると言われています。また、竹内文書に載っている古代の地名が、現在の地名と似すぎていることも指摘されています。おそらく、年代については当時の社会通念と相反しないように、地名についてはわかりやすいように書き換えた部分があったのでしょう。

ただ、私が一つ信じていることがあるとすれば、竹内文書に御名を記された神や天皇は、お一人残らず実在したのだろうということです。ひょっとすると実際には天皇になっていない方も含まれているかもしれませんし、時系列が正確に記されていない方もいるかもしれません。しかし、少なくとも実在はしたのだろうと考えています。

なぜそう言えるのかというと、神や天皇お一人お一人の波動に、自分の精神の波動を合わせて共鳴させ、繋がってみるというのが、そのとき指導霊から課された修行だったからです。

アカシックレコードの修行では、自分の精神をコントロールして、知りたい情報の波動と繋がる方法を学びました。神や天皇の波動と繋がるにはそれを応用すれば良いのですが、さらに精神を細やかにコントロールする必要がありました。

御名を呼び、精神の波動を合わせて繋がることで、お一人お一人の波動を感じ取っていったのです。特に有名な御方であれば、祀られている神社があります。指導霊に言われて実際に行き、その神社の波動と自分が感じた波動が合っているかどうか確認したことも、幾度となくありました。

この修行の中で私が感じたのは、竹内文書に記されたすべての神と天皇は、それぞれ違う波動を持っていらっしゃるということでした。同じ波動は一つとしてありませんでした。竹内文書の解釈法として、御名の違う神や天皇を同一視するというものも提案されていますが、私はこうした自分の体験に基づいて、お一人お一人すべて実在したと考えているのです。

竹内文書に登場する神と天皇

神や天皇の波動に自分の精神の波動を合わせると、その波動が目の前にあるように感じられるので、あたかも神や天皇にお出ましいただいたかのような感覚になります。アカシックレコードのときは相手が本だったので、特に何も思いませんでしたが、今度は相手が相手です。初めはあまりに畏れ多く感じました。そんな私を見た指導霊は、こう言ってくれました。

「神や天皇の波動は精神世界すべてに響き渡っているのだ。その響きを、自分の勉強のために、少しばかり感じさせていただくと思えば良いではないか」

波動というのは、何か仕切りがない限りはどこまでも広がっていくものなので、あらゆる精神波動は精神世界すべてに広がっています。その中でも、神や天皇の精神波動は、特に力強く広がって、まさに「響き渡って」いるのでしょう。

そうか、もともと響き渡っている波動を感じさせていただくだけなのだ。そう思うと、畏れ多さは徐々に和らいでいき、修行に集中できるようになっていきました。ただ、そうは言っても、この修行はなかなか大変なものでした。

神武天皇以降の時代を、竹内文書では神和朝《かむやまとちょう》と呼びます（竹内文書では違う「和」の字が使われていますが、日本を侮蔑する意味合いが含まれた字であるため、ここでは使いません）。今上天皇まで（神功皇后を含めて）126名の天皇がいらっしゃいますが、どなたも肉体を持っていらっしゃったからで

表：竹内文書に御名を記された神と天皇（一部）

時代	御名	備考
天神代（7代まで）	初代：元無極躰主王御神	初代は宇宙創成の神
上古代（25代まで）	初代：天日豊本葦牙気皇主天皇 4代：天之御中主天皇 10代：高皇産霊天皇 11代：神皇産霊天皇 14代：国之常立天皇 21代：伊邪那岐天皇 22代：天疎日向津比売天皇 24代：天仁仁杵天皇	初代は地球に初めて降り立った天皇。ほとんどの天皇は、記紀では高天原にいた神々として描かれている。
不合朝（73代まで）	初代：鵜草葺不合天皇 73代：神武天皇	天変地異がたびたび起こり、地球が何度も土の海になった時代。
神和朝	初代：神武天皇 126代：今上天皇	肉体を持つ人間天皇の時代。神功皇后を15代として数える。

しょう、精神の波動を合わせることはそれほど難しく感じませんでした。波動が繋がると、何となくお一人お一人のお人柄が感じられて、楽しく思うこともありました。

昭和天皇までの１２５名の天皇は既に崩御なさっていますが、生前に考えていらっしゃったことが精神世界に波動として残っていて、私はそれを感じることができたようでした。天皇に限らず、すべての人間が生前に考えたことは、死後も精神波動として残ります。それらの波動が整理されたものがアカシックレコードに記録されるので、アカシックレコードに行って過去世を調べることができるのです。すべて記録が残るのだと知った私は、あまり変なことは考えないようにしようと思ったものです。

神和朝の前には、不合朝《ふきあえずちょう》と呼ばれる時代がありました。竹内文書では73名の天皇がいらっしゃったとされています。初代がウガヤフキアエズ（鵜草葺不合）天皇で、73代が神武天皇です。神武天皇は神和朝の初代でもいらっしゃいますので、実質72名と数えた方が良いかもしれません。

古事記や日本書紀には、ウガヤフキアエズ神の次代が神武天皇であると記されています。日本書紀が正史であるという立場を貫くとすれば、残り71名は天皇ではなかったということになります。もしかすると、天皇ではなかった方が含まれている可能性もあるとは思いますが、私がお一人お一人の波動を感じさせていただいた印象では、その大部分は実際に天皇でいらっしゃったように思いました。

別の古代文献として、富士山麓に伝わる宮下文書という書物がありますが、そこには不合朝の天皇は51名であったと記されています。少なくともそのくらいは、天皇でいらっしゃったのではないでしょうか。記紀では、何らかの理由で歴史が省略されているのではないか……。これは私の個人的な直観ですが、そのように感じています。

不合朝の天皇は、最後期を除いて、肉体をお持ちではなかったようでした。肉体よりも波動が細かい、**幽体**というものがあり、それを持って精神世界にいらっしゃったのです。天皇が精神世界から物質世界を眺めて、地球を統治していらっしゃったのが、不合朝という時代だったようです。実は私たち肉体を持つ人間も、精神世界に幽体を持っています。幽体は精神世界における姿形の一つなのです。

不合朝の天皇は肉体をお持ちでなかったものの、精神世界の中でも物質世界に近いところにいらっしゃったからでしょう、肉体を持った人間と近いように感じたことも多々ありました。

竹内文書には、不合朝のときに天変地異が立て続けに起こり、地球全体が何度も「土の海」になったと記されています。ノアの箱舟のようなことが、幾度となく起こったというのです。そうした大変な時代だったからでしょう、いろいろと苦悩なさったお気持ちが伝わってくることもありました。私としては、そこにむしろ人間らしさを感じさせていただくことができて、親しみのような感情を抱かせていただいたのでした。

こうした体験を通じて、幽体について知ることもできました。肉体が死ぬと、幽体も死を迎えます。そして、生前に肉体で考えたことが精神波動として残るのと同じように、生前に幽体で考えたことも精神波動として残るのです。

肉体で考えたことは顕在意識、幽体で考えたことは潜在意識と、一般的には呼ばれています。顕在意識ならば自分でコントロールできそうなものですが、潜在意識まですべて記録に残ってしまうとなると、これは自分ではどうしようもありません。

ああ、精神世界にいる指導霊には、私の潜在意識まで何もかもお見通しなんだな……と知ったときは、顔から火が出るほど恥ずかしかったのを覚えています。同時に、何かが吹っ切れたような気もしました。隠すことも誤魔化すことも一切できないのならば、指導霊とますます真剣に向き合うしかないと、改めて覚悟したのです。

不合朝の前には、上古代《じょうこだい》と呼ばれる時代がありました。竹内文書では25名の天皇がいらっしゃったとされています。初代が飛騨に降り立った、天日豊本葦牙気皇主《あめひのもとあしかびきみぬし》天皇です。古事記や日本書紀に登場する有名な神々は、大体この25名の中に入っています。例えば、アメノミナカヌシ（天之御中主）天皇、タカミムスビ（高皇産霊）天皇、カムムスビ（神皇産霊）天皇、イザナギ（伊邪那岐）天皇、ニニギ（仁仁杵）天皇が挙げられます。天照大神は、天疎日向津比売《あまさかりひにむかいつひめ》天皇という御名で記されています。

上古代の天皇は、肉体も幽体もお持ちではなかったようでした。幽体よりもさらに細かい波動でできた、**霊体**というものがあり、それを持って精神世界にいらっしゃったのです。実は肉体や幽体を持つ私たち人間も、霊体を持っています。幽体とこの霊体が、精神世界における姿形であるのです。精神世界の中でも、幽体を持っていられる世界を**幽界**、霊体でしかいられない世界を**霊界**と呼びます。

霊界は幽界よりも波動が細かい世界ですから、物質世界からより離れた世界ということになります。上古代の天皇は、幽界よりも遠い霊界から物質世界の地球を眺めて、統治していらっしゃったのです。古事記や日本書紀では、これらの神々がいらっしゃったところを高天原と記しています。高天原をシュメールなどの古代文明が栄えた地球上の場所と見做《みな》す説もあるようですが、私はそうした説には与《くみ》しません。

肉体も幽体もお持ちでなかったとはいえ、特にイザナギ天皇以降の天皇は、とても個性豊かで人間くさく感じることもあり、楽しく波動を感じさせていただくことができました。霊界にいらっしゃるのに、お気持ちが物質世界に近いようなのです。

これはおそらく、イザナギ天皇の時代に天皇が物質世界の地球へと降りていく計画が立てられ、その後実行されていったことに関係しているのだろうと感じました。いわゆる天孫降臨です。古事記や日本書紀ではニニギ神の代で完全に降臨できたように描かれていますが、私が感じた限りでは少し違う印象を持ちました。

ニニギ天皇の後、不合朝の歴代の天皇が少しずつ慎重に幽界をお降りになり、神武天皇でようやく完全に物質世界まで降臨なさったように感じたのです。記紀では不合朝が省略されていますので、その過程が端折られて描かれたのではないかと、私は考えています。

一方、イザナギ天皇以前の天皇とは、なかなか波動で繫がることができませんでした。仮に繋がることができても、波動があまりに細かくて、私の肉体は耐えられないほどの苦痛を受けてしまうのでした。

　波動の性質として、細かい波動ほどエネルギーが密に詰まっています。細かい波動を受け取ると、一度にたくさんのエネルギーが流れてきて、それに耐えられないことがあるのです。ひどい頭痛がしたかと思うと、全身の筋肉に力が入らなくなり、吐き気を催しました。立っても座っても寝ても苦痛は和らがず、しばらく身悶えしていると、そのうち気を失ってしまうのでした。

　初めは、なぜ肉体が苦痛を受けるのか、わかりませんでした。精神波動を受け取るのですから、あくまで精神世界の話です。波動を受け取るのは、私の霊体や幽体であるはずです。それなのに、なぜ肉体が苦しくなるのでしょうか。そこには、精神世界と物質世界がすべて繋がっているのと同じ仕組みが働いていました。霊体は幽体を、幽体は肉体を包み込むように広がっていて、お互いにすべて繋がっているのです。そのため、霊体で大量のエネルギーを受け取ると、その一部がどうしても肉体にまで流れ込んでしまうのでした。

　しかし、そこまで苦しい思いをしても、私は修行をやめようとはしませんでした。波動が繋がってすぐに苦痛が襲ってくると、決まって「またおいで。待っているよ」という優しい声が響いてきました。しばらく気を失って、やがて気が付いて起き上がった後も、その優しい響きははっきりと心に残っていました。きっと一瞬だけ波動が繋がった上古代の天皇が、私に声を掛けてくださったのではないかと感じました。思い違いかもしれませんが、そう思うと何とも言えない嬉しさが込み上げてくるのでした。

神和朝や不合朝の天皇は、生前考えていらっしゃったことが、波動として残っているだけでした。ところが、上古代の天皇は、まさに今も生きていらっしゃるように感じられました。

肉体や幽体はいずれ死んでしまうが、霊体は死なずに生き続けるのだ。そのことが確認できると、私は目の前がパッと明るくなったような気がしました。世界の仕組みの大切な部分を一つ、掴めたような気がしたのです。霊体や霊界の仕組みがもっと知りたい。そう思った私は、苦痛に悶えても、気を失っても、波動で繋がる練習を積み重ねていったのでした。

霊界の波動に慣れるまでには、一年以上かかりました。波動を受け取れるようになると、霊体の姿形がだんだん見えるようになりました。そして、上古代の天皇お一人お一人の個性も感じられるようになっていきました。どなたも個性豊かでありながら、愛そのものの存在でした。

そうした波動を受け取るうちに、愛というのは、自分と他者の区別がなくなった精神状態のことなのだと理解できました。つまり、自我を完全に抜け出した状態です。他者も含めて、すべてが自分自身であると認識する状態です。これを私は**自己**の状態と呼んでいます。思えば、あの「待っているよ」という優しい響きも愛そのものでした。やはりあの声は上古代の天皇から発せられたものだったと思うのです。

また、指導霊の姿形を初めて見たのもこの頃でした。彼も上古代の天皇と同じように霊界にいて、私に指示を出していたのです。

上古代の前には、天神代《てんじんだい》と呼ばれる時代がありました。竹内文書では7柱の神がいらっしゃったとされています。初代が宇宙創成の神である、元無極躰主王大御神《もとふみくらいのみのぬしおおみかみ》です。

天神代のみ、天皇ではなく神と呼びます。その理由は、実際に波動で繋がってみてわかったような気がしました。上古代の天皇には霊体という姿形がありましたが、天神代の神はおそらく霊体すらお持ちになったことがないのだろうと感じました。姿形という概念すら感じられない、光そのものの生命体があるだけだったのです。この生命体を**神体**と呼びましょう。

天神代の神と初めて波動で繋がったときのことは、今でもよく覚えています。雷に打たれたような衝撃を受けて、一瞬にして気を失ってしまいました。肉体がバラバラに砕け散る感覚があって、「ああ、私は死んだんだ」と、はっきり思ったのでした。

数時間後、「修行を始めるときに、死なせないと約束したよな」という指導霊の声で気が付いたとき、私はいつの間にか過酷な修行に足を踏み入れていたことを自覚したのでした。前の指導霊に「死にたくなっても死なせない」と言われたことは覚えていましたが、あのときは何かの冗談くらいにしか思っていませんでした。しかし、先ほど自分ではっきり「死んだんだ」と思ったとき、そのことを不安も恐怖も感じずに受け入れている自分がいました。命を懸けて修行することが、いつの間にか当たり前になっていたのです。

指導霊からは「命を懸けてこそ、生命とは何かが理解できるんだよ」という思いが伝わってきます。私は何だか途轍もなく遠いところまで来てしまったような気がして、愕然としたのでした。

もちろん、死ぬのは肉体と幽体だけであって、霊体は死なずに生き続けます。その霊体よりもはるかに細かい波動で作られているのが、神体です。私たち肉体、幽体、霊体を持つ人間も、神体を持っています。神体とは、生命そのものです。神体だけがある世界は**神界**と呼ばれますが、これは精神世界を超えた世界になります。生命そのものが光り輝いている、いわば**生命世界**なのです。この生命世界は精神世界を、神体は霊体を包み込むように広がっていて、お互いにすべて繋がっています。

図1: 人間の姿形とそれらが存在する世界

物質世界、精神世界、生命世界の構造。そして、肉体、幽体、霊体、神体の関係。私は竹内文書に基づく修行を通じて、自らの精神波動を使いこなしていくことで、こうした世界の仕組みを理解していったのでした。

しかし、毎晩のように精神世界や生命世界に繋がっていると、だんだん物質世界から意識がずれていくようになってしまいました。愛そのものの霊界、生命そのものの神界は、すべてが完璧で、実に魅力的な世界なのです。また、指導霊も私にたくさんの愛を注いでくれました。そうした環境にいるだけで、幸せを感じることができたのです。

ところが、物質世界に戻ってくると、愛も生命もあまりに不完全であることが気になってしまいます。すべての波動が重苦しく感じられます。街を歩いていても、ずっと気を張っていないと、急に全身の力が抜けてその場に倒れ込んでしまいます。あの頃の私は、誰が見てもおかしな人だったことでしょう。

頭痛や吐き気を抱えながら大学に通うことも増えていきました。勉強と修行の両立が難しくなってくると、大学を辞めようと考えるようになりました。ところが、指導霊はそれを決して許しませんでした。親も認めてはくれませんでした。大学の教授には、どう説明したら良いかわかりませんでした。結局、大学に通い続けながら、修行はどんどん進んでいき、物質世界はますます遠いものになっていったのでした。

3章　日月神示と地球の将来

すべての神と天皇の波動が感じられるようになったと、指導霊から及第点をもらえたのは、修行が始まってから3年ほど経ったころでした。私は大学を卒業し、大学院で研究する立場になっていました。

修行は厳しくなる一方で、朝と夜、自宅にいるときだけでなく、大学院の行き帰りにまで指導を受けるようになりました。大学院に着いても自分の意識が物質世界に戻ってこられず、しかし物質世界の研究をしなければならず、そのギャップに耐え兼ねて真昼間に研究室から飛び出してしまったことも何度かありました。気の休まる時間はどんどん減っていき、精神的に追い詰められていくようになりました。

そのころ指導霊からたびたび読むように言われたのが、日月神示《ひつきしんじ》に関する本でした。

日月神示は、岡本天明《おかもとてんめい》という神典研究家が、国常立神《くにのとこたちのかみ》（竹内文書では上古14代天皇）から降ろされた神示を書き記した文書であると言われています。１９４４年（昭和19年）、岡本天明が天之日津久《あまのひつく》神社を参拝した際、急に右腕に激痛が走り、神示の自動書記が始まったそうです。その後16年間に渡り、膨大な量の神示が断続的に降ろされていったのでした。日月神示には主に、日本人の生き方が説かれています。日本を取り巻く複雑な環境の中で、日本人はどのような役割を持っているのか。その役割を果たすために、どういう心構えを持ち、何を為すべきなのか。そして、地球世界はこれからどうなっていくのか。そうしたことが、地球世界を見守る神々の目線から書かれているのです。

例えば、日月神示が降ろされ始めたときは第二次世界大戦の真っ最中でしたが、そこには日本の敗戦が予言されていました。また、敗戦後の日本が果たすべき役割も書かれていました。日本軍の将校の中には、それを事前に知っていたため、敗戦時に自害を思いとどまった方もいたと言われています。

先に竹内文書を読んでいた私は、日月神示と合わせて、天皇のあり方や日本人の使命について考えるようになりました。

竹内文書では、天皇は地球人類の中心としての役割を持つとされています。これはしかし、天皇が権力を持つという意味ではないようです。実際、天皇が物質世界で権力を持ったことは、ほとんどありません。天皇とは、精神世界や生命世界に今も生き続ける上古代の天皇や天神代の神と、祭祀を通じて繋がる存在です。地球人類を代表して、物質世界を超えた高次元世界と繋がる存在です。すなわち、神と人間を繋ぐ存在なのです。

そういう存在にこそ、果たし得る役割があります。それは、物質世界におけるあらゆる権力の源泉となることです。これを「天皇は権力ではなく権威を持つ」などと表現する人もいます。

竹内文書に基づく修行を通じて物質世界・精神世界・生命世界の仕組みを学んだ私からすると、これは実に理に適っていると感じられるのです。これらの世界はすべて繋がっています。そして、物質世界のすべては精神世界に、精神世界のすべては生命世界によって生み出され、守られているのです。

ならば、物質世界におけるすべての権力もまた、精神世界や生命世界によって生み出されるのが自然であるはずです。地球人類を代表してこれらの世界と繋がるのが天皇であるならば、生み出された権力を受け取り、物質世界においてその源泉となる役割を果たし得るのは、天皇だけであるということになります。

では、そうした天皇という存在が日本にいる意味を、私たち日本人はどう捉えるべきでしょうか。天皇が地球人類の中心であるならば、日本はある意味で地球世界の中心であるはずです。

しかし、それは日本人が権力を持つべきだという意味ではないでしょう。日本人は天皇を一番近くで支えることになるのですから、地球人類の中で一番よく天皇の役割を理解するべきです。天皇が高次元世界と繋がる存在であることを、よく知るべきです。そして、地球世界のあらゆる権力はその繋がりを通して生み出されるべきであると認識し、地球世界の体制を立て直していく。これこそが、日本人が果たすべき役割であると私は考えています。

さて、日月神示はこのように始まります。

「富士は晴れたり日本晴れ　神の国のまことの神の力を現す世となれる」（『上つ巻』第1帖）

日本を神の国と呼んでいます。そして、「まことの神の力を現す世」となると言うのです。これはまさに、神から生み出された権力が地球世界に現れること、そうして地球世界の体制を立て直すときが来ることを意味していると、私は解釈しています。また、

「日本の人民良くならねば、世界の人民良くならんぞ」（『まつりの巻』第16帖）

とも書かれています。地球世界を立て直していく上で、やはり日本人が中心的な役割を持っていることが示唆されています。しかし、そのプロセスは並大抵のものではないようです。

「神の国、一度負けた様になって終いには勝ち、また負けた様になって勝つのざぞ」

（『松の巻』第7帖）

初めの「一度負けた様になって」というのは、第二次世界大戦の敗戦を意味していると考えられます。実際、日本は戦争には負けましたが、欧米列強による植民地支配から東アジアを解放するという戦争の目的は、その後達成されることとなりました。

これはもちろん、東アジア各国の努力の賜物でありますが、彼らに植民地解放の希望を与え、きっかけを作ったのは日本であったとも言われています。また、日本自身もその後大きな発展を遂げ、現在も先進国の一員として政治経済の場で活躍しています。確かに「終いには勝」つことができたのです。

気になるのは、次の「また負けた様になって勝つ」です。日本は一体何に負かされ、どのように逆転し、「まことの神の力を現す世」を創っていくことになるのでしょうか。

私はそれを指導霊に尋ねましたが、「お前自身で考えることだな」と言われただけでした。

ただ私は、竹内文書のときもそうでしたが、日月神示の内容がすべて正しいと信じているわけではありません。なるべく内容の真偽について判断することは控えて、自分が体験して確認したことのみに基づいて、お話ししていきたいと思います。

イシヤが目指したもの

日本を負かす相手について、日月神示にはこのように書かれています。

「イシヤの仕組みにかかりて、まだ目覚めん臣民ばかり。日本精神と申して仏教の精神や基督《キリスト》教の精神ばかりぞ。今度は神があるかないかを、はっきりと神力見せて、イシヤも改心さすのぞ」（『下つ巻』第16帖）

日本を追い込んで打ち負かす勢力を、日月神示ではイシヤと呼びます。このイシヤについて、巷ではフリーメイソンと呼ばれる人々のことだと解釈されることが多いようです。フリーメイソンは元々、石工の集まりとして始まったので、イシヤという言葉と通じるものがあるからです。「表向きは友愛団体だが、裏では地球世界を牛耳っている秘密結社」というイメージと共に、様々な都市伝説が流布されているようです。イシヤの正体はさておき、彼らの計画については、こう書かれています。

「悪の総大将は奥に隠れて御座るのぞ。一の大将と二の大将とが大喧嘩すると見せかけて、世界をワヤにする仕組み、もう九分通り出来ているのぢゃ」（『黒鉄の巻』第14帖）

この神示が降ろされたのは1950年（昭和25年）で、当時は冷戦の真っ最中でした。ですから、一の大将と二の大将というのはアメリカと旧ソ連のことだと考えられます。

奥に隠れている「悪の総大将」は、巷で言うところの金融資本家でしょうか。フリーメイソンの中にも金融資本家が名を連ねていることは、よく知られています。彼らは特に資本主義が成立した18世紀以降、莫大な資金を使って人々を動かしてきました。その中で、時には戦争や紛争という手段を選び、経済を回してきたことも事実のようです。

　地球世界をどう動かすべきか、彼らなりに真剣に考えた末での結論だったようですが、それは地球人類の多くにとって残酷なものでした。日本人も例外ではなく、敗戦によって自信を失い、その後の占領政策によって精神を奪われることにもなりました。


「悪の仕組みは、日本魂を根こそぎ抜いてしもうて、日本を外国同様にしておいて、ひと呑みにする計画であるぞ。日本の臣民、悪の計画通りになりて、尻の毛まで抜かれていても、まだ気付かんか」（『磐戸の巻』第10帖）

　この「悪の仕組み」や「悪の計画」については、日月神示の中でも説明されていますが、『シオン賢哲議定書』という文書の内容と相通じるところが多いことが指摘されています。

この文書は、1897年にユダヤ人（シオン）の長老が集まって開かれた、第1回シオニスト会議の決議文であるという体裁で書かれたものです。ただ、一般には1902年ころに反ユダヤ主義者が書いた偽書であると考えられています。

　しかしながら、私はこの文書を書いたのがユダヤ人であろうが誰であろうが、あまり重要ではないと思っています。１９００年ころに、この文書を書いた人物がいたこと自体が重要だと思うのです。文書の大まかな内容はこうです。

我々（長老）はマスメディアを牛耳って、一般大衆に相反する情報を同時に与えるようにするべきだ。彼らは右にも左にも耳を傾けて、どちらが正しいか判断できずに混乱してしまい、やがて考えることを止めるだろう。

また、金融を発達させて、一般大衆を金儲けに熱中させるように仕向けるべきだ。そうすれば、彼らは目の前の小さなことだけで精一杯になり、社会を良くしようなど、大きなことは一切考えなくなるだろう。

さらに、一般大衆に権利を主張させるようにするべきだ。特に、自由と平等を求めるように仕向ければ、それらは決して両立しないため、必ず自己矛盾に陥って、社会は混乱することになるだろう。その混乱をマスメディアが煽れば、戦争が次々と起こり、地球世界は破滅するだろう。

そのときにこそ、我々は地球世界を破滅から救う者として、一般大衆の前に登場するのだ。そうすれば、いずれの洗脳からも免れた我々のような優秀な者だけで意思決定を行う、理想的な地球世界を創ることができる。

最後の部分を除けば、これらはすべて私たちがまさに今、体験していることではないでしょうか。混乱するマスメディア、視野の狭い政治家、自己矛盾する市民活動家。こうした人々が地球世界を破滅へと導いていくことは、１９００年の時点で既に指摘されていたのです。ということは、フリーメイソンなのか金融資本家なのかユダヤ人長老なのかは知りませんが、こうした理屈で地球世界を支配したいと考えている人々がいることは確かなのでしょう。彼らこそがイシヤなのです。

彼らが目指すのは、自分たちを一般大衆（他者）と区別して、絶対的な優位に立とうとする、いわゆる自我による地球世界の支配であると言えます。果たしてこれはうまくいくのでしょうか。日月神示にはこう書かれています。

「目に見える世界ばかり、理屈でよくしようとて出来はせんぞ。（中略）善も悪も一つぢゃ、霊も身も一つぢゃ、天地《あめつち》ぢゃと、くどう知らしてあろうが」（『光の巻』第６帖）

自我によって物質世界だけを良くしようとしても、うまくいかないと言うのです。実際、自我がうごめく世界（幽界）は、自分と他者を区別しない愛の世界（霊界）に繋がっていて、さらに生命が輝く世界（神界）へと繋がっているのでした。そして、これら物質世界を超えた高次元世界と繋がることで、あらゆる権力の源泉となるのが天皇の役割でした。

そうやって生み出された権力によってこそ、地球世界はうまく治められるのです。いかに優秀な人々であっても、自我によって理屈で治めようとしては、うまくいくはずがないのです。

それにも関わらず、イシヤはこれまで長い時間をかけて計画を進めてきました。その結果、地球世界には何が起こったでしょうか。私はそれを間もなく知ることとなったのでした。

地獄界のありさま

イシヤについて少しずつわかり始めてきたころ、指導霊は新たな修行を指示してきました。それは「イシヤの波動と自分の精神の波動を合わせてみなさい」というものでした。その方法は、アカシックレコードや竹内文書の修行のときと基本的に同じです。深い瞑想状態に入り、イシヤと波動で繋がるように自分の精神をコントロールしていくのです。しかし、この修行は今までとは別の意味で、とても厳しい修行になりました。

早速イシヤの波動に自分の波動を合わせてみると、最初に感じたのはイシヤの波動ではありませんでした。過去の戦争で亡くなった人々の無念や怨念などの感情の波動が、幽界で渦巻いているのが感じられたのです。おそらくイシヤが起こした戦争だったのでしょう。そうした波動を掻き分けて掻き分けて覗き込むと、イシヤの波動が少しばかり垣間見えたのでした。

似た波動は共鳴して繋がるという性質がありますが、このときほどそれを厄介に感じたことはありませんでした。無念や怨念といった負の感情の波動は、似たような負の波動を引き寄せます。負の波動というのは、ガムのように貼り付く感触があります。掻き分けたり引き剥がしたりしても、負の波動がどんどん引き寄せられて、ベタベタと貼り付いてくるのです。

そうして波動がある程度集まると、生き物のように振る舞い始めます。うねうねと不気味に動いたり、とぐろを巻いたりするのです。このような負の波動は、私には灰色の蛇に見えました。

イシヤの波動に辿り着けないまま、たくさんの蛇に囲まれて途方に暮れていると、指導霊から「負の波動を消してみなさい」という指示が入りました。なるほど、掻き分けても引き剥がしても集まってくるならば、消してみるしかなさそうです。ただ消す方法は見当がつかなかったので、しばらく瞑想を続けていると、指導霊からアイディアが降りてきました。

負の波動を打ち消すには、正の波動が必要だ。特に、愛は強力な正の波動になる。よって、負の波動を愛の波動で包み込めば良いのだ。ただ、灰色の蛇になってしまったものは、愛の波動が表面に触れたくらいでは消えない。蛇の腹を切り裂くようにして手刀を切り、外側だけでなく内側にも愛の波動を送り込む必要がある。

アイディアを受け取ると、私の手が自然と動き始めました。深い瞑想状態で肉体の手を動かすと、同時に幽体の手も動かすことができました。幽界にいる灰色の蛇を愛の波動で包み込み、その腹を手刀で切り裂いて、中にも満遍なく愛の波動を送り込みます。愛の波動は霊界の波動ですから、自分の霊体から幽体へと流して、幽体の手から放射するようにイメージします。

こうして放射された愛の波動は、白い光に見えました。灰色の蛇に白い光を送り込みながら、「お前は愛に包まれて消えていくんだよ」と繰り返し説得します。すると、最初は頑なに反発していた蛇が、ある瞬間を境に急に素直になり、やがて納得して喜んで消えていくのでした。

このようにして、私は次々と負の波動を消していきました。幽界を彷徨っていた負の波動がこれで本当に消えていたのか、今はまだわかりません。しかし、灰色の蛇が白い光に包まれて消えていく様子は、実にリアルな映像として見えました。蛇の冷たさ、光の暖かさ。蛇の気持ち悪い感触、光の爽やかな感触。すべてがはっきりと感じられたのでした。

また、蛇が納得して喜んで消えていく姿は、何度見ても不思議であり、嬉しくもあり、時には可愛くすら思えました。しかし、この修行は精神的にも肉体的にも相当なエネルギーを消費するようでした。このころの私は、自分が若者だとは思えないほど、常にへとへとに疲れ果てていたのです。

こうして負の波動と向き合えるようになると、イシヤの波動を感じ取れるようにもなっていきました。彼らから感じたのは、キンキンに冷やされた氷のように冷たい、負の波動でした。

そしてその波動は、彼らが煽った地球人類の不安や恐怖、嫉妬や怨念の波動と混ざり合って、幽界の底に沈殿していたのです。大量に集まった灰色の蛇がどす黒い塊を作り、その塊がもぞもぞと動いているように、私には見えました。これがいわゆる**地獄界**です。自我によって地球世界を支配しようとするイシヤの波動は、地獄界と繋がっていたのです。

地獄界を眺めていると、死について考えさせられることがよくありました。死んだら何か劇的な変化が起こると思っている人がいるようですが、実は死んでも精神の状態はあまり変わらないのです。

例えば、苦しみから逃げようとして自殺しても、精神の状態は変わりません。その精神が波動を引き寄せて、精神世界にまったく同じ苦しみの状況を作り出します。実際、自殺した後も同じ苦しみから必死で逃げ続けている人を何度も見ました。状況が変わらないのは自殺に失敗したからだと思い込み、繰り返し自殺を試みている人もいました。このように、自殺は何の解決にもならないのです。

また、他人が死ねば物事が解決すると思って殺人を犯し、死刑によって罪を償った人も何度か見ました。彼らも自分が死んだら何かが変わると思い込んでいたようで、死んだことに気付けず、死刑台で首を吊ったままの人もいたのです。私は死刑制度について現時点では賛成なのですが、こういう人々を見るうちに、制度のあり方は何か考え直す必要があるのではないか、と思うようになりました。

このような地獄界が、地球の物質世界と精神世界の間にあるのです。その外には光り輝く精神世界や生命世界が広がっていますが、その光が物質世界まで辿り着くことは稀のようです。地獄界のどす黒い沈殿物が邪魔をするからです。

本来ならば、物質世界と精神世界は繋がっていて、自由に波動をやり取りできるはずですが、現在の地球世界はそうなっていないのです。その邪魔な沈殿物を大量に増やしてしまったのは、イシヤの自我の波動に他なりません。

イシヤはイシヤなりの理屈で懸命に考えて、計画を進めてきたのだと思います。しかしその結果、地獄界の沈殿物が増え、地球人類は精神世界や生命世界からほとんど切り離されてしまいました。天皇もその例外ではありません。神々と繋がる役割が果たしにくくなっているのです。天皇を支えるはずの日本人もまた、地獄界と隣り合わせで生きているような状況になってしまっています。

「悪神よ、日本の国をここまでよくも穢したな。これで不足はあるまいから、いよいよこの方の仕組み通りの、とどめにかかるから、精一杯の御力でかかりて御座れ。学問と神力の、とどめの戦ざぞ」（『松の巻』第18帖）

神々は過去から現在に至るまで、有名無名の宗教家や精神指導者をたくさん誕生させてきました。指導霊が言うには、彼らの主な仕事は、地獄界の沈殿物を片付けて地球世界の波動を浄めることだったそうです。しかし、それでも片付かないほど量が多いのです。

私はその膨大な量の沈殿物を目の前にして、絶望しそうになりました。これでは地球世界を立て直す日など、永遠に来ないのではないかと感じたのです。ところが日月神示には、その日は遠からず来ると書かれています。

「三千世界の事であるから、ちと早し遅しはあるぞ。少し遅れると人民は、神示は嘘ぢゃと申すが、百年も続けて嘘は云えんぞ、申さんぞ」（『黄金の巻』第59帖）

三千世界というのは、霊界や神界のことです。そして、遅くとも百年以内には地球世界の立て直しが始まると言うのです。一体どうすればそんなことが可能になるのでしょうか。

「この方、悪が可愛いのぢゃ、御苦労ぢゃったぞ、もう悪の世は済みたぞ、悪の御用結構であったぞ。早う善に返りて心安く善の御用聞きくれよ」（『空の巻』第10帖）

ここに大きなヒントがありそうだと、私は感じるのです。悪が可愛いという言葉に、私は初め戸惑いました。しかし思い出してみると、私も灰色の蛇を愛の光で包み込んだとき、可愛いと感じたことがあったのでした。

ならば、あの蛇を包み込んだのと同じように、悪も善で愛をもって包み込めば良いのではないか……。そう思った瞬間、私の中で地球世界の明るい未来が見え始めたような気がしたのでした。

変わりゆく地球世界

地球世界の立て直しについて、日月神示にはこのように書かれています。

「今度の戦は神力と学力のとどめの戦ぞ。神力が九分九厘まで負けたようになった時に、まことの神力出して、グレンと引っ繰り返して、神の世にして、日本のてんし様が世界をまるめて治しめす世と致して、天地神々様にお目にかけるぞ」(『下つ巻』第20帖)

学力というのは、自我と理屈で地球世界を支配しようとするイシヤを表しています。てんし様というのは、神々と繋がる天皇のことでしょう。神々が追い詰められて99%負けたようになったとき、残り1%のところで大逆転して、地球世界の立て直しが起こるというのです。こうしたことが、二度目の「負けた様になって勝つ」ときに起こるのだと。この大逆転は「神一厘の仕組み」などと呼ばれているようです。一体どのような仕組みなのでしょうか。

「一厘のことは言わねばならず言うてはならず、心と心で知らしたいなれど、心でとりて下されよ。よく神示読んで悟りてくれよ、神たのむのざぞ」（『キの巻』第13帖）

とあるように、明確には書かれていないのですが、いくつかのヒントが与えられています。

「残る一厘は悪の中に隠してあるぞ」（『黄金の巻』第23帖）

先ほども言ったように、悪とどのように向き合うかが、やはり大切であるようです。例えば、イシヤを憎んで叩き潰すべきだと考える人がいるかもしれませんが、それでは意味がありません。なぜなら、それは自分とイシヤ（他者）を区別して、自我で考えているからです。自我と理屈で地球世界を治めようとするイシヤと同じ失敗を繰り返すことになってしまいます。

「悪神の仕組みはこの方には判りているから、一度に潰すことは易いなれど、それでは天の大神様にすまんなり。悪殺してしまうのではなく、悪改心させて、五六七《みろく》の嬉し嬉しの世に

するのが神の願いざから、この道理忘れるでないぞ」(『日月の巻』第14帖)

悪を憎んで潰すのではなく、私が灰色の蛇にしたのと同じように、納得させて改心させるべきなのです。

天の大神様とは、宇宙創成の神、究極の神のことでしょう。この世界のすべては、究極の神から生み出されています。物質世界は精神世界に、精神世界は生命世界に、生命世界はこの究極の神に生み出され、守られているのです。

これらの世界にある、すべての善も悪も同じ究極の神から生まれていて、それぞれの役割を持って存在しています。そして、究極の神はすべての存在に自由意志を持たせているのです。

ですから、神の力で地球世界を立て直すというならば、悪の自由意志であっても尊重しなければなりません。悪が自分の自由意志で納得して改心するよう、導かなければならないのです。これこそが王道であり、この道しかあり得ないと、私は考えています。

「今度の立て替えは、敵と手握らねばならんのぢゃ」(『梅の巻』第1帖)

「このカギはイシヤとシカ手握ることぞ」（『下つ巻』第22帖）

そして最後は、イシヤとしっかり手を握ります。これこそが「一厘の仕組み」であると言って良いと、私は思います。いずれイシヤにも、自我と理屈で突き詰めて考えた自分たちの計画が、結局うまくいかないことに気付くときが来ます。そして、迷いに迷って彷徨い続けた挙句、やがて愛と生命で輝く神々の世界に辿り着くことになるのです。

物質世界だけでどうにかしようとするのではなく、精神世界や生命世界と繋がりを取り戻すことこそが、地球世界を立て直す唯一の方法であると理解することになるのです。そのとき、神々はイシヤとしっかり手を握ります。それが実現してこそ、素晴らしい地球世界の未来を創っていけることになるのです。

「今の肉体、今の想念、今の宗教、今の科学のままでは岩戸は開けんぞ」

（『五葉の巻』第15帖）

「知恵や学でやると、グレンと引っ繰り返ると申しておいたが、そう云えば智恵や学は要ら

んと臣民早合点するが、智恵や学も要るのざぞ」（『天つ巻』第4帖）

イシヤが神々と手を握れるように導いていくには、私たちが精神世界や生命世界と繋がりを取り戻した、新しい肉体、想念、宗教、科学を創っていく必要があるようです。特に、そのことを人類全体で共有できるような、新しい学問が必要になってくると、私は思います。

その学問には、究極の神から生命世界が創られ、精神世界が創られ、物質世界が創られている様子が、正確に描かれることでしょう。また、精神世界の中には霊界があり、幽界があり、地獄界があり、それぞれ違う波動が広がっていることが説明されるでしょう。

それには、物質世界の仕組みを正確に表現する、物理学の手法が応用できるのではないか。私はふと、そう思ったのでした。そのとき私は、まさにその手法について大学院で研究していました。物質世界と高次元世界の波動のギャップに苦しんで悩んでばかりの大学院時代でしたが、そういう自分だからこそ出来ることがあるのかもしれないと思ったのです。

修行が始まったとき、前の指導霊に「お前は世界平和のために働く」と言われたのは、実はこのことを意味していたのではないだろうか……。地球世界の明るい将来が見え始めると、自分自身の将来にも少しずつ明るさが垣間見えるようになってきたのでした。

4章　修行の完成と指導神

ある年の元旦、日月神示に基づく一連の修行に及第点が与えられました。イシヤの波動を感じ取ること、負の波動を消すことが充分に出来るようになったと、指導霊が認めてくれたのです。そして、翌日に最終試験があると告げられたのでした。気が付けば、修行が始まってから7年以上が経っていました。

翌日、指定された時間に自室の椅子に座ると、深い深い瞑想状態に入りました。すると、修行中にお世話になった神々さま（神界だけでなく、霊界からも多くの方々がいらっしゃいましたが、ここでは一括りに神々と呼ぶことにします）が、ずらりと並んで座っていらっしゃるのが見えてきました。

神々と私の間には大きな松明《たいまつ》が置かれていて、大きな炎を上げて燃えています。しばらく炎を見ながら座っていると、神々の中のお一人がすっと立ち上がって松明の前まで来て、私と炎を挟んで向かい合うようにして座りました。どこからともなく、私たち二人に祈り言を唱えるよう指示する声が響いてきます。その祈り言を繰り返し唱えると、瞑想はさらに深くなっていきました。

祈り言の響き。燃え盛る炎の音。向かい合った二人の波動は共鳴し合い、どんどん深く繋がっていくのが感じられます。……そのときでした。目の前の神がすっと炎を通り抜けて、私の神体と霊体に入り込んでくるのが感じられたのです。肉体を重ねるのではない、魂を重ねるというのはこういう感覚なのかと、深く感動したことを今でも鮮明に覚えています。

その瞬間、無事に最終試験に合格したことが伝えられました。指導霊からは「もう指導することは何もない」と言われたのでした。7年弱に渡って、いつも私の傍にいてくれた指導霊は、その言葉を最後に去っていったのです。

思えば、あまりに修行が厳しくて私が腹を立ててしまい、一月以上も口を利かなかったことが何度かありました。それでも彼はいつも、私を本当の弟のように可愛がってくれたのでした。もう会えないのかと思うと、寂しくて悲しくて止め処もなく涙が流れてきました。そして、その流れ落ちる涙とともに、私の意識が物質世界へと降りていくのを感じたのでした。いま思うに、指導霊が兄として接してくれたのは、私への最大限の配慮だったのだろうと思います。立派な神として指導されたのでは、私は反発することもできず、自分で抱え込むしかなく、もっと酷い精神状態になっていたことでしょう。

彼はいつでも文句を聞いてくれました。泣き言も聞いてくれました。また、どんな疑問にも答えてくれました。神は愛そのものであることを、言動のすべてで私に伝えてくれました。霊界が愛そのものの世界であることを、私が心底から納得できたのは、彼と過ごした日々があったからに違いありません。

すべての修行は終わったのでした。私の意識は完全に物質世界へと戻り、どこからどう見ても普通の人間として、物質世界の中で自分の役割を果たしていくことになったのです。しかし、私の神体と霊体は、あのとき繫がった神と一体になったままです。さらに、その神を指導する存在がいらっしゃって、私も同じように指導を受けるようになりました。

その存在は、自分を指導神と呼ぶように、と言いました。霊界の中でも神界に極めて近いところにいらっしゃり、今までの指導霊とは格が違うため、指導神と呼ぶのが相応しいのだそうです。

その後、今日に至るまで、私はその指導神からアドバイスを受けながら、自分の役割を果たすべく生きてきたつもりです。

人間社会の成り立ちを理解しなければいけない20代の7年間に、意識が物質世界から離れていたというのは、なかなか大変なことです。今その遅れを完全に取り戻せているかと言われると、正直自信はありません。その意味では、随分と遠回りをしてきたようにも感じます。しかし同時に、私に与えられた役割を果たすには、どうしても必要な修行であったとも思うのです。


霊修行に追い込まれた人々は、多かれ少なかれ、似たような苦労をされてきたのだろうと思います。先人たちを見れば、貧乏のどん底に突き落とされたり、生死を彷徨うほどの病気やケガをしたりした方々もいたようです。

私の場合は、彼らと比べれば大したことはなく、精神を病んだだけでした。おそらく時代が下るにつれて、霊修行をする際の苦悩は少なくなってきているのだろうと感じます。特に、イシヤに大きな変化があった２０１２年以降、地球世界の波動は急速に浄められてきています。これから地球人類の未来のために霊修行を課される後輩たちが、是非ともこの流れに乗って、苦悩は少なく乗り切ってくれることを願うばかりです。

ただ、霊修行をする際に、絶対に気を付けてほしいことがあります。生命世界の細かい波動が受けられるようになって、自分が神そのものになり切ったと感じても、物質世界に肉体を持っている以上、必ずその粗い波動の影響を受けてしまうことを忘れないでほしいのです。完全に整った生命世界の波動であっても、物質世界で言動に現した瞬間、捻じ曲がって顕れてしまう危険性が常にあります。そのことをくれぐれも肝に銘じておいてください。

また、この世界のすべてを生み出している究極の神は、すべての存在に自由意志を与えていることも、忘れないでほしいと思います。間違っても神のお告げなどと言って、他人を脅して信じ込ませてはなりません。

逆に、もしそのようなことを言われたら、その人に自分の考えを委ねては絶対にいけません。どのような相手であっても決して言うことを鵜呑みにせず、すぐに判断できないときは自分が納得できるまで保留しておけば良いと、私は思います。

相手が神であろうと、立派な精神指導者であろうと、自分の自由意志を大切にするべきなのです。彼らはあくまで自分が精神世界、生命世界、そして究極の神そのものが現れた究極世界へと繋がるきっかけを作ってくれる存在に過ぎません。私は修行中、指導霊に対してはもちろん、出会ったすべての神々に対してこうした態度を貫きました。自分では単なる天邪鬼だと思っていたのですが、実は本質をついた生き方であったことが後にわかったのでした。

私はこのようにして、精神世界・生命世界・究極世界を繰り返し訪ね歩き、その成り立ちと仕組みを学んで物質世界に戻ってきました。戻ると間もなく、指導神に導かれて、次の課題に取り組むようになりました。そうした高次元世界の仕組みを地球世界の言葉で表現できるよう、研究を始めることになったのです。

第2部

高次元世界の成り立ち

指導神に言われるまま、高次元世界を表現する方法を一人で考え始めたものの、初めはなかなか思うようにいきませんでした。あるときは文章で、あるときは図で、あるときは数式で、いろいろな方法を考えてみたのですが、どうもしっくり来る説明ができずにいたのです。

そのころ、大学院を何とか修了した私は、研究者としてロンドンに滞在していました。夏のある日、夜だというのに真っ青な空の下を散歩しながら部屋に戻ると、ある知人からメールが届きました。それは「日本人の哲学者で面白い方がいるから紹介したい」という連絡でした。

もともとカントやスピノザなどの哲学書を読むのが好きだった私は、早速連絡を取ってみることにしました。その方は、精神の仕組みを哲学で表現するための研究をしている方でした。しばらくメールのやり取りを続けるうちに、私は面白いことに気付きました。彼が表現しようとしているものは、私が修行中に高次元世界で見てきたものと似ていると感じたのです。

私はそれまで、物理学だけで高次元世界を表現しようと頑張っていました。しかし、うまく表現できない部分があって、困っていたのです。彼はそれを哲学で見事に表現していました。逆に、彼が哲学で表現できずに苦しんでいた部分を、私が物理学で綺麗に表現できたこともありました。まるで不思議な糸で縫い合わせるかのように、哲学と物理学を結びつけられることがわかってきたのです。

このように哲学と物理学という一見対立する学問を繋いでいって、やがて融合させることができれば、高次元世界を表現できるようになるのではないか……。彼との議論が進むにつれて、その思いは日に日に強くなり、いつしか私の中で確固たる信念となっていきました。「高次元世界の仕組みを地球世界の言葉で表現する」。指導神から出された、この途轍もなく難しい課題は、こうしてようやく達成へと向かっていくことになったのです。

1章　物質世界の誕生と成り立ち

哲学者との議論は、私が日本に帰国した後も続きました。そして、高次元世界の表現が少しずつ出来てくると、私の周りに変化が起こり始めました。科学者や宗教者、芸術家、経営者など、様々な分野で活躍している方と、次々に知り合うようになったのです。

彼らは皆、物質世界で活躍しながらも精神を大切にしている、いわゆるスピリチュアルな方々でした。彼らとの交流が深まるにつれて、私が考えている高次元世界の表現について話す機会が、自然と増えていきました。

多くの方々が私の話に興味を持って、応援してくださいました。様々な観点から議論させていただくことで、私自身の理解もさらに深まり、高次元世界の表現も洗練されていきました。ただ、中には反発してきた方々もいました。彼らの意見を聞いていると、いつも同じことが感じられました。それは、科学とスピリチュアルの間にある対立でした。

スピリチュアルは最近、再びブームになっているようです。物質中心の時代はやがて終わり、これからは精神の時代になる。男性の時代は終わり、女性の時代になっていく。そのようなことが頻《しき》りに言われています。

スピリチュアルに熱心な人の中には、科学者を批判する人が少なくありません。科学者は物質しか見ようとしないので、宇宙の成り立ちが何もわかっていない。そんな厳しい意見を耳にしたことが何度もあります。

一方で、科学者の中に身を置いていると、スピリチュアルなどの霊的なことに嵌《はま》る人は、現実逃避しているだけで自立できない人間だ、というような批判をよく耳にします。

科学とスピリチュアルはどうも相性が悪いのです。実際、科学者でもありスピリチュアルな人間でもある私は、いつも何かしらこの対立を感じながら生きてきました。どちらか片方に属せたら楽だろうなと考えたこともありましたが、結局どちらも捨てることができませんでした。どちらも大切なのだという気持ちが、心のどこかに根強くあって消えなかったのです。

科学とスピリチュアルの板挟みは、なかなか辛いものでした。しかし、私は次第にそれらを融合させてみてはどうかと考えるようになりました。そもそも私が高次元世界を表現できるようになったのは、哲学と物理学を融合させてみたからです。異なる考え方の間にある対立。それを超えて融合させてみることが、高次元世界を理解するためのカギではないかと思うようになったのです。

思い出してみれば、私が修行中に見てきた高次元世界では、あらゆるものが対立せずに調和していました。物質と精神、男性と女性、そして科学とスピリチュアル。地球世界にある、こうした様々な対立を融合させることができれば、地球人類は高次元世界を理解できるようになるのではないか。ひょっとすると、そうした融合の究極が、日月神示のいう神とイシヤの握手なのかもしれない。これらすべてを融合させることができてこそ、地球世界は素晴らしい未来へと歩んでいけるのではないだろうか……。

このように考えた私は、高次元世界を表現するにあたって、最も大切にすべきテーマを見出すことができたのでした。

「対立から融合へ」。ここからのお話は、このテーマに沿って進めていきたいと考えています。まずは物質世界について、そして私が見てきた精神世界・生命世界・究極世界の仕組みを、出来るだけ具体的に説明してみることにしたいと思います。

※ここから先では、様々な分野の専門用語が登場することがありますが、いずれも意味を正確に理解している必要はありません。漠然とイメージを膨らませながら読み進めていただければ充分です。

私たちの肉体はどこから来たのか？

では早速ですが、科学とスピリチュアルは、どうすれば対立を超えられるのでしょうか。

そのためには、まず両者の目的を考えてみるのが良いと思います。両者の本来の目的は、実は同じなのです。どちらも世界の仕組みを解き明かし、それを自分たちの生き方に活かすことが目的です。単にそのプロセスが違うだけなのですね。

例えば、宇宙の始まりを解明したいと思ったとしましょう。ここでいう宇宙とは、主に**物質世界**のことです。今から百年前、宇宙の誕生を科学で語ることは、まったくできませんでした。それは神話を通じてのみ語ることができる、スピリチュアルなものだったのです。ところが、最近は科学でもかなり詳しく語れるようになってきました。遠い宇宙からやって来る光を見ると、過去の宇宙の姿を知ることができます。光が地球まで届くのに、長い時間がかかるからです。ですから、うんと遠くから来る光を観測する技術ができれば、それだけ遠い過去の宇宙の姿がわかるのです。

また、一口に光といっても、いろいろな波長（粗さ）の光があります。ニュートリノという粒子や、最近話題になった重力波を捉えて、遠い宇宙を観測しようという動きも活発になっています。こうして、いくつもの観点から宇宙の歴史を眺められるようになってきました。こうして、百年前は神話でしか語れなかったものが、科学でも解明できるようになってきたのです。

そうしてわかったことは、宇宙は今から１３８億年前に誕生して、その直後にビッグバン※が起こったということです。

ビッグバンのときに発生した熱で、物質の素はすべてドロドロに溶かされるので、宇宙は熱々のスープのような状態になります。その後、宇宙は膨らんで大きくなっていきます。すると、スープは引き伸ばされて冷めていきます。冷めると、スープに溶け込んでいたもの

※ビッグバン：宇宙の始まりの頃に起こったとされる大爆発のこと。このとき宇宙は非常に高温になり、爆発的な膨張を起こしたと考えられている。その後の宇宙膨張の様子、原子の生成の割合、銀河の進化や分布などは、観測によって解明されているが、それらはすべてビッグバンによって正確に説明することができるため、正しい説であると信じられている。

が、順々に分離して、その姿を現すようになります。クォーク、電子、ニュートリノ……。現在の科学で物質の素となる粒子（素粒子）だと考えられているものが、スープの中から次々と姿を現したのです。

このとき、粒子たちは熱によって激しく動き回りますが、さらに宇宙のスープが冷めると、粒子の動きがおとなしくなります。すると、やがてお互いに力で引き合って集まり、何かの構造を作るようになります。例えば、クォークが集まって、陽子や中性子を作ります。その陽子の周りを電子が回るようになると、水素原子ができます。こうした現象が、宇宙誕生の後、数分から数十万年の間に起こりました。

こうして水素やヘリウムといった小さな原子が作られたのですが、このとき私たちの肉体を作っている炭素や酸素、窒素などの原子はまだ作られませんでした。これらの原子を作るには、水素やヘリウムにさらにいくつも陽子や中性子をくっつけなければいけません。ところが、この頃には宇宙もだいぶ冷めてきてしまって、それができるだけの熱が無くなってしまっていたのです。

では、私たちの肉体を作っている原子は、どうやって作られたのでしょうか。それについて、簡単にお話ししてみたいと思います。

まず、水素やヘリウムの原子がたくさん集まって、太陽のように自ら輝く星を作りました。恒星といいます。宇宙誕生から数億年経った頃の話です。恒星の中では、水素とヘリウムがぎゅうぎゅう詰めになります。すると、それらは互いに大きな力で押し付けられて、潰されるようにして合体することがあります。核融合といいます。

核融合が起こると、大きなエネルギーが発生します。恒星というのは、このエネルギーが光や熱となって輝いている星なのです（太陽は燃えていないというスピリチュアルな情報がよく知られていますが、それについては第3部で説明したいと思います）。

こうして大きな熱が発生すると、核融合がより起こりやすくなります。初めは水素やヘリウムしか無かった恒星の中に、リチウム、ベリリウム、ホウ素、炭素、窒素、酸素……といった、より大きな原子が作られていきます。実際、太陽は今まさに輝きながら、これらの原子を作っているのですね。

しかし、この核融合は永遠には続きません。それぞれの恒星の大きさに応じて、作れる原子の大きさに限界があるのです。その限界まで作ってしまうと、恒星はもう核融合を起こしてエネルギーを発することができなくなります。すると、自分で自分の体重を支え切れなくなり、大爆発を起こすのです。超新星爆発といいます。超新星という言葉とは矛盾するようですが、これは寿命を終えた恒星の姿です。

この大爆発によって、恒星の中にあった大量の原子が、辺りに撒き散らされます。実はそれが寄せ集まって作られたのが、地球などの惑星なのです。地球が生まれたのは今から46億年前ですが、それよりもさらに昔、いま地球があるところの近くに恒星があったのですね。その恒星が自分の生涯をかけて作ってくれた炭素や酸素などの原子。その一部が地球を作り、さらにそのほんの一部が今、地球に住む私たちの肉体を形作ってくれているのです。

何十億年も前に作られた星の欠片を、私たちは今ほんの一時期お借りしていて、百年も経てばまた地球にお返しするのです。

肉体だけではありません。私たちの身の回りにあるもの全て、そうなのです。空気もそう。水もそう。動物や植物や鉱物もそう。工業製品だって全部そうです。地球人類はまだ、自力で原子を作る技術を手に入れてはいないのです（原子力の技術はその一部なのですが、福島の事故でもおわかりのように、とても使いこなせているとは言えません）。

また、私たちの肉体を作っている原子は、生きている間も常に入れ替わっています。日頃吸っている空気、飲んでいる水、食べている食べ物の原子が、しばらくして私たちの肉体を作る原子になります。そして、やがては排泄されていくのです。

そう考えると、肉体が私たちそのものであるとは到底思えなくなりますね。そもそも遠い過去に作られた原子を短い間お借りして肉体を作っている上に、昨日と今日とでは自分の肉体を形作っている原子が違うのですから。「肉体とは、今たまたま借りていて、やがては返すもの」という考え方は、スピリチュアルだけでなく、科学から見てもまったく正しいのです。

肉体を超えてゆく「次元」

肉体が私たちそのものではないとすると、私たちは一体何者なのでしょうか。おそらく肉体だけでなく、肉体を超えた何かまで含めて、私たちなのでしょう。

肉体を超えたもの、その一つは精神ではないでしょうか。少なくとも「これが自分だ」と認識する精神の働きがあって初めて、私たちは私たちでいられるのだと思います。実際、私が高次元世界で見てきた幽体や霊体は、まさに肉体を超えて精神の働きをするものでした。

また先ほど、宇宙が物質を作るプロセスについてお話ししましたが、その見事なプロセスの背後には、物質を超えた何か大きな叡智があると感じられた方も少なくないのではないかと思います。肉体を超えた精神、物質を超えた叡智。この世界にはそういったものがあって、肉体や物質の存在を支えていると考えるのが自然ではないでしょうか。

これらのことから、肉体（物質）と精神（認識）の関係を明らかにしていけば、世界をより深く理解できるのではないかということが考えられます。そして、私はここに、科学とスピリチュアルの融合を見出すことができると思っているのです。

肉体と精神の関係を理解するためには、「次元」がキーワードになるだろうと考えています。なお、次元という言葉はスピリチュアルでもよく使われますが、意味や数え方がまちまちであることから、私の話では一貫して科学で扱う「次元」を使いたいと思います。

普段、私たちが認識している空間は、縦・横・高さの3方向に広がっています。これを**3次元世界**と呼びましょう。今まで物質世界と呼んできたのは、すべてこの3次元世界のことです。

多くの方は、この３次元世界しかご存知ないかと思います。これはおそらく私たちが普段、物質ばかりを見ているからなのです。しかし、私が修行中に見てきたように、実は３次元以外の世界もあって、それらは精神の仕組みと密接に関わっています。この精神の仕組みについては次章でゆっくりとお話しすることにして、まずはいろいろな次元の世界についてご紹介したいと思います。


様々な次元の世界を見ていくにあたっては、まず宇宙誕生の話に戻ってみるのが良いかと思います。先ほどは宇宙誕生の直後に起こったとされるビッグバンから話を始めましたが、実は宇宙にはビッグバンより前にも歴史があることがわかっています。

中でも有名なのが、宇宙のインフレーションです。宇宙は誕生以来、現在までずっと膨らみ続けているのですが、インフレーションのときには特に急激に膨らみました。ほんの一瞬の間に、一兆倍の一兆倍の、そのまた一兆倍、あるいはそれ以上に、宇宙が膨れ上がったと考えられています。こうした様子を、物価が急上昇する様子になぞらえて、インフレーションと呼んでいるのです。宇宙誕生から一秒の、一兆分の一の、一兆分の一の、そのまた一兆分の一ほど経った頃の話です。

インフレーションが起こったことは、状況証拠もありますので、多くの科学者がまず間違いないだろうと考えています。今後、遠い宇宙のいろいろな方向から来る光がどういう振舞いをしているか、観測がさらに進めば、完全に証明できるだろうと期待されています。

では、インフレーションよりも前には、何が起こっていたのでしょうか。インフレーションで膨らむ前の宇宙は原子よりも小さくて、そこにすべてが詰め込まれていました。ここから先の話は状況証拠が乏しく、まだ仮説の段階なのですが、少ない証拠の中で最新の科学がどのように考えているのか、お話ししたいと思います。

この世界には電磁気力（電気や磁石の力）や原子力（正確には強い核力と弱い核力のこと）がありますが、宇宙の初め、両者は互いに融合していて、区別ができないものでした。両者が分離したのは、このインフレーションが起こった頃だと考えられています。

さらに、宇宙にはもう一種類、力があります。私たちがよく知っている、重力です。この重力も、初めは電磁気力や原子力と融合していたのですが、こちらはインフレーションよりも前に分離したと考えられています。重力が分離した頃、インフレーションよりもさらに急激な宇宙の膨張が起こったという説があり、プレ・インフレーションなどと呼ばれています。

このように重力・電磁気力・原子力が融合していた頃の宇宙を描くには、これらの力をひとまとめに説明できる理論が必要になります。そうした理論は未完成なのですが、その有力候補として超弦理論（超ひも理論）というものが知られています。

超弦理論には、いろいろな次元の世界が登場します。中でも基本となる世界は、**9次元世界**です。空間が9つの（互いに垂直な）方向に広がっている世界なのですが、3次元に慣れ親しんでいる私たちには、ちょっとイメージが追いつかないかもしれませんね。科学者もイメージするのが難しいので、記号を9つ用意して、それらを使って数式を組み立てることで理解をしています。ここでは、私たちが普段感じていない方向がいくつも広がっている世界なのだと、漠然とイメージしてもらえれば充分です。

宇宙が誕生したとき、重力を含めたすべての力は融合していました。超弦理論によれば、そのような世界は9次元に広がっているはずです。ですから、このとき宇宙は9次元世界だったと考えられます。宇宙の大きさは、原子の一兆分の一の、一兆分の一くらいでした（プランク長さと呼ばれます）。そのような大きさがほぼゼロの宇宙に、すべての物質の素が非常に高密度に詰め込まれていたのです。

その直後に、重力が分離します。電磁気力と原子力はまだ融合したままです。そのような世界は、もはや9次元には広がりません。最高で5次元に広がっていたと考えられます。先ほどのプレ・インフレーションが起こったとすればこの頃ですので、9次元世界の中で**5次元世界**だけが急激に膨らんだとイメージしても良いでしょう。超弦理論では、この5次元世界もたびたび登場していて、盛んに研究されています。

その後、電磁気力と原子力が分離※します。この頃にインフレーションが起こって、5次元世界の中で私たちに馴染み深い3次元世界だけが大きく膨らみました。

そして、その3次元世界の中でビッグバンが起こり、物質が作られていったのです。こうして、初めにお話しした宇宙の歴史に繋がっていくわけです。

※正確には、インフレーションが起こった頃に、原子力のうち強い核力だけが分離して、ビッグバンが起こった後に、原子力の弱い核力と電磁気力が分離しました。後者の分離では、２０１２年に発見されて話題になったヒッグス粒子が大きな役割を果たしました。

このように宇宙誕生の直後には、９次元世界や５次元世界など、３次元を超えた世界が重要な役割を果たしたと考えられています。それぞれの世界について、もう少しよく見てみましょう。

９次元世界は、超弦理論で基本となる世界だと言いました。超弦理論の主役である、弦が飛び回る世界です。弦というのは線状に広がって、ゴムのように伸び縮みしたり振動したりするものです。線は１方向に広がるものですから、弦は**１次元**だと言えますね。超弦理論では、この弦が物質の素だと考えます。弦がたくさん詰め込まれた小さな雫が、何の前触れもなく、ふっと産み落とされた……。それが宇宙誕生の瞬間

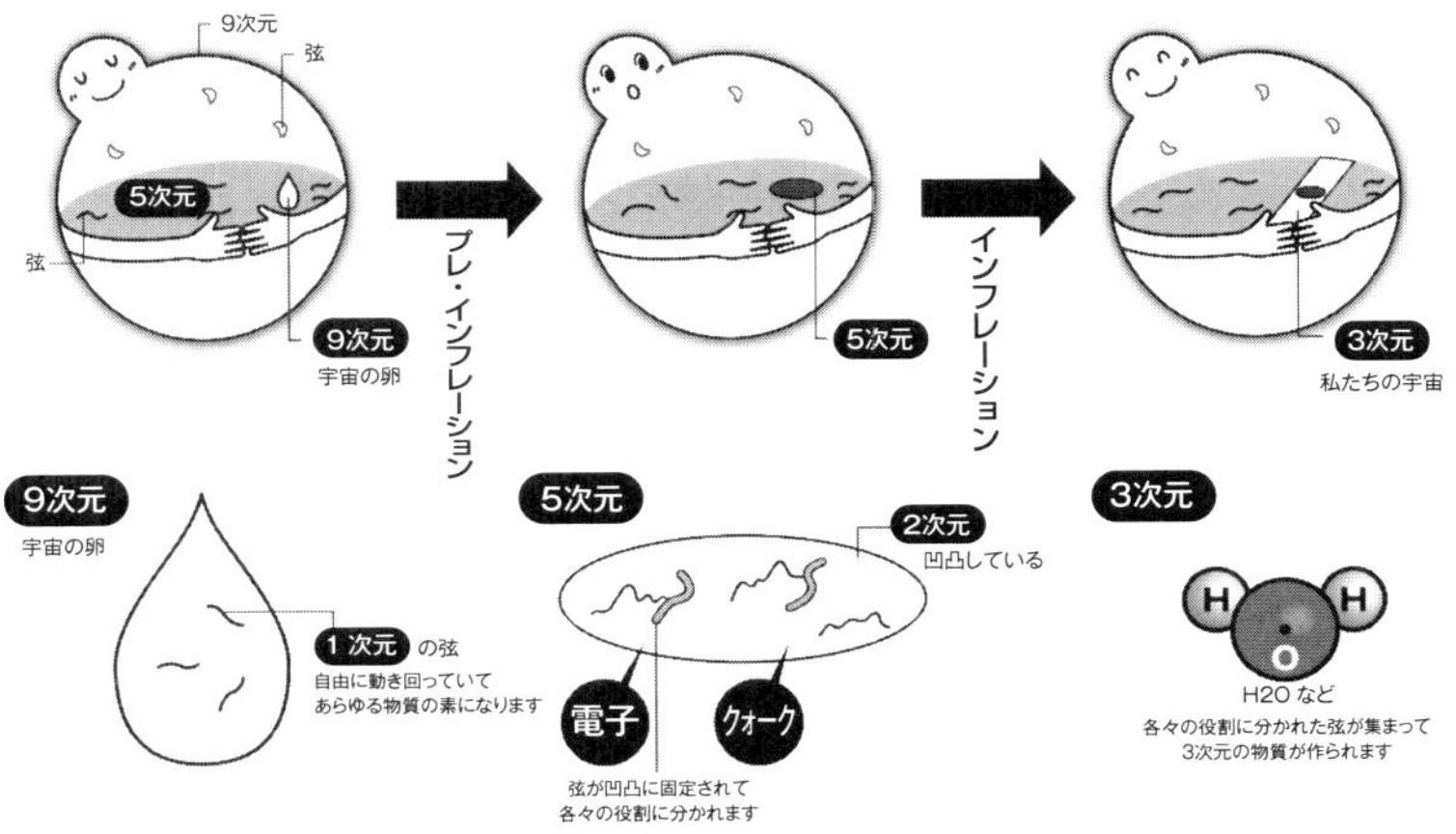

図２：宇宙誕生と様々な次元の世界

であったと考えられているのです。

重力が分離すると、5次元世界になるのでしたね。この世界にも弦はあるのですが、物質の振る舞いを知るには、弦とは違うものに注目します。

5次元世界から私たちの3次元世界を差し引くと、5−3＝2次元が残ります。これは2方向に広がるものですから、平面や曲面のような面になります。この2次元の面がどういう形をしていて、その面の上で弦がどのように広がっているのか。そうしたことが、5次元世界での物質の振る舞いを決めていると考えられています。例えば5次元世界が舞台全体だとすると、3次元世界は私たちにとって表舞台のようなものです。よって、この2次元の面は裏舞台のようなところだとイメージできます。

3次元世界は、皆さんよくご存知ですね。様々な粒子が組み合わさって立体的な構造を作ることで、物質が3次元に広がって存在しています。これらの粒子は、宇宙誕生の頃はすべて同じ弦でしたが、ビッグバンを経て様々な粒子になったのでした。

こうして見てみると、面白いことに、世界の次元が9→5→3と降りてくると、そこにある物質の次元は1→2→3と昇っていくのです。皆さんは普段、3次元の世界と3次元の物質しか意識していないことと思いますが、ぜひこれを機会に、いろいろな次元に心を向けてみていただけたらと思います。

以上、宇宙が誕生した直後に世界や物質がどうなっていたのか、その仮説を簡単にご紹介しました。こうした仮説はいずれ証明しなければなりませんが、そのためには遠い宇宙を観測するよりも、実際にエネルギーを高密度に詰め込んだものを作ることによって当時の宇宙の様子を再現して、それを観察する方が良いだろうと考えられています。

現時点では、こうした観察は素粒子実験の一つとして、加速器と呼ばれる巨大な施設を作って行われています。これには莫大な費用がかかるので、今後も続けていくには各国の納税者を説得しなければなりませんが、地球人類が世界の仕組みを知る上では必要なことではないかと思っています。

宇宙誕生は男性性と女性性の交わりから

ここまで宇宙の誕生を中心に話してきましたが、どのような印象を持たれたでしょうか。私は、宇宙誕生の様子というのは、生命の誕生になぞらえることができると感じています。

宇宙誕生の瞬間、物質の素（弦）が詰め込まれた小さな雫が、何の前触れもなく、ふっと産み落とされました。この雫は、宇宙の卵のようなものだと考えられます。

この宇宙の卵は、インフレーションによって急激に大きく膨らみます。インフレーションが起こったメカニズムには諸説あるのですが、私は5次元世界から3次元世界に降り注いだ光がインフレーションを起こしたという説に注目しています。

3次元世界に光があることは皆さんご存知の通りですが、5次元世界にも（少し性質は違いますが）光が存在しています。その5次元世界の光が3次元世界に注ぎ込まれることによって、宇宙の中で3次元世界だけが急激に膨張したと考えられるのです。これは、卵が受精して、急激に細胞分裂をして成長する様子になぞらえることができます。

宇宙が充分に大きく膨らむと、ビッグバンによって物質の素が溶け込んだスープができ、その中から様々な種類の素粒子が姿を現します。最初はすべて同じ弦だったものが、クォークになったり電子になったりして、それぞれ別の役割を担い始めるのです。これは、充分に細胞分裂した卵の中で、それぞれの細胞が機能分化する様子になぞらえることができます。最初はすべての細胞が万能細胞といって、あらゆる種類の細胞になれる能力を持つ細胞でした。iPS細胞のニュースなどでご存知の方も多いかと思います。ところが、細胞分裂が終わると、それぞれの細胞が目の細胞になったり脚の細胞になったりして、別々の機能を担い始めます。まさにビッグバン後の宇宙と同じような現象が起きるのです。

そもそも、生命の誕生は男性と女性の交わりから起こります。ならば、宇宙の誕生も同じように考えることができるのではないでしょうか。宇宙の卵に急激な成長を促したのは、5次元から3次元へと降り注いだ光でした。これは、卵を受精させる男性性の働きだと考えることができます。一方、宇宙の卵を形作っていた1次元の弦は、卵が成長すると、やがて3次元の物質を作るようになります。これは、卵を産んで育む女性性の働きだと考えられそうです。

簡単に言ってしまえば、男性性は次元を降りてくる方向性を持ち、女性性は次元を昇っていく方向性を持つと考えることができるのです。次元を降る男性性と、次元を昇る女性性が、この3次元世界で交わることによって、私たちの宇宙は作られたのだと考えられるのです。

一方、スピリチュアルでも、次元上昇という言葉はよく使われます。これはどういう意味でしょうか。先ほど私は、３次元を超えた高次元世界があって、それは精神の仕組みと関係しているのだと言いました。ですから、３次元世界から高次元世界へと次元を上昇させるということは、肉体（物質）から精神へと心を向けるという意味になると考えられます。

実際、この章の冒頭で取り上げた「物質中心の時代は終わり、精神の時代になる」という言葉と同じ意味で、次元上昇と言われることが多いかと思います。

地球人類は、特に18世紀の産業革命以降、精神よりも物質を優先させることで、文明を発展させてきました。すなわち、高次元世界から3次元世界へと、次元を降下させてきたのです。それによって、人類の生活は飛躍的に豊かになり、科学技術も大いに発展しました。私たちもその恩恵を存分に享受しているのですから、それを無闇に否定するべきではありません。

しかし、こうした方向性で発展を続けるのには、限界があることが見えてきたのですね。この限界を乗り越えて、さらに進歩した文明を構築していくためには、物質だけでなく精神も大切にするべきだ。そう主張する声が、世界各地から聞こえてくるようになりました。すなわち、次元を上昇させようという動きが広がりつつあるのです。

次元を降下させるのは男性性の働きで、次元を上昇させるのは女性性の働きでした。ですから、こうした時代の流れの中で「男性の時代は終わり、女性の時代になっていく」という言葉が出てきたことも、よく理解できるわけです。

ただ、このように考えると、これからの女性の時代というのは、単に女性を大切にすれば良いというような、単純なものではないということがわかります。そのような肉体的、物質的、３次元的な理解に落ちてしまうと、かえって男性と女性の間で対立が起きてしまうでしょう。そうではなくて、物質だけでなく精神も大切にする。３次元世界だけでなく高次元世界にも心を向ける。そうした方向性が女性性なのであって、これを文明進歩の新しい方向性としていくのが、これからの時代なのだと思います。

一般に、男性は男性性が強く、女性は女性性が強いですから、女性性を大切にするということは、女性を大切にすることなのだ、という考え方もできるでしょう。漠然としたイメージですが、男性は精神の満足を得るにも、物質を通して満足することを追求する傾向があります。一方で、女性は物質に関する事柄であっても、精神的に満足することを大切にする傾向があります。前者は男性性、後者は女性性と言えるかと思います。しかし、これは完全に区別できるものではありません。男性が精神的な満足を大切にすることもあれば、女性が物質的な満足を追求することもあるのです。男性にも女性性が、女性にも男性性があるということです。

ここで私たちが意識すべきことは、男性も女性もともに、今まで男性性を強調してきた地球人類の姿勢を振り返って、これからは自分の中にもある女性性を大切にしていくことなのだと思います。これは、男性と女性の間に起こってきた対立を、融合させていくことにもなるはずです。その上で、物質だけでなく精神も大切にする、新しい文明を構築していく。これが、女性の時代、精神の時代、次元上昇という言葉の、より本質的な理解なのだろうと、私は考えています。

以上、宇宙の誕生と次元という科学の考え方を土台にして、物質と精神、男性性と女性性についてお話ししてきました。科学とスピリチュアルはとかく対立しがちですが、このようにして融合させていくことができると、私は考えています。そして、こうした融合を通して、地球人類は高次元世界について理解できるようになると期待しているのです。

2章　精神世界の仕組みと高次元世界

宇宙の誕生には、いろいろな「次元」が関わっていたらしい……。前章で私が最もお伝えしたかったのは、このことでした。

私たちが普段見ているのは、縦・横・高さの3方向に広がる3次元世界です。そこにある物質も、同じく3次元に広がっています。しかし、宇宙が誕生した直後には、もっと高い次元の世界や、もっと低い次元の物質の素があったと考えられています。物理学に基づいて、そうした仮説が立てられているのでした。

ところで、その高次元世界は、宇宙が誕生したときに関わっただけで、今の私たちとは何の関係も無いのでしょうか。あくまで遠い過去の話なのでしょうか。

多くの科学者は、そう考えているようです。宇宙が誕生した直後のような、途轍もなく高いエネルギー（高温）の状態を人工的に作り出すことができれば、高次元世界が存在することを確認できるかもしれないと考えているのです。

ただ、そのような高エネルギー状態を作ることは、現在の技術※では不可能です。それを何とか可能にする革新的な技術は無いものかと、物理学者たちは頭を悩ませています。こうした研究はもちろん重要で、今後、科学技術に大きな進歩をもたらしてくれることと思います。

一方で、まったく違う考え方もできると、私は思うのです。3次元世界は、私たちに馴染み深い物質や肉体の世界でした。ならば、高次元世界はそれらを超えた世界になっているはずです。物質や肉体を超えたもの、それは精神や意識といったものでしょう。高次元世界とは、精神の世界ではないか。これはごく自然な直観だと思いますし、また私が霊修行を通して確認してきたことでもあります。

ただ、精神を取り扱おうとすると、どうしても物理学の範囲を超えてしまいます。哲学や心理学などの範疇になりますね。つまり、高次元世界を扱う物理学と、精神を扱う哲学や心理学を、融合させるような研究が必要になってくるのです。

※現在、最高のエネルギーを作れるのは、スイスのCERNという研究所にあるLHC（大型ハドロン衝突型加速器）という施設です。円形になっていて、山手線くらいの大きさです。同じ技術で高次元世界が見えるくらいの高エネルギー状態を作るには、なんと太陽系くらいの大きさの加速器が必要になってしまいます。

私は哲学者との議論を通じて、まさにそうした研究をすることができました。そして、その直観はやはり正しいのではないかと思える結果が導き出せたのです。高次元世界は決して遠い過去だけの話ではなく、今も私たちと関わっているのではないか。特に精神を通して、密接に関わっているのではないか。この章では、そういったお話をしてみたいと思います。

科学では近代以降、物質と精神は対立するものと考えられてきました。物質と精神を切り離すことで、科学が大きな発展を遂げてきたことは確かです。しかし、これからの時代は、それらを融合させていくことになるのではないでしょうか。その結果として、地球人類は高次元世界という新たな世界を理解するようになるはずです。そうした期待を持ちながら、お話を進めていこうと思います。

精神の仕組み ― 世界をどう認識するか

精神は物質を超えたものだと言いましたが、これには反論する人もいるかと思います。精神や意識、心といったものは、脳内の物質が起こす現象に過ぎない、という考え方もあるからです。実際、30年ほど前までの心理学では、こうした考え方が主流でした。脳に何か刺激を与えたとき、どういう物質的な反応が起こるかを研究すれば、精神の仕組みがわかるはずだと考えられていたのです。このような立場を「構造主義」といいます。

しかしながら、こうした研究はやがて行き詰まってしまいました。物質をどう研究しても、精神の仕組みはよくわからなかったのです。何故なら、精神が扱っているものは物質ではないからです。精神が扱うのは、いわば情報です。ならば、精神がどのように情報を処理しているのか、その働きについて研究すべきではないかという考え方が出てきました。これを「機能主義」といいます。

精神が扱う情報は、実に幅広いものです。物質に関する情報ももちろん扱いますが、それだけではありません。感情やイメージ、言語、数学のような抽象的な概念をも扱うことができます。そうした情報がどのように処理されているのか、様々な研究が行われてきています。人工知能のような画期的な技術が生まれたのも、そういう研究の成果なのです。

ですから、この立場から見れば、精神は間違いなく物質を超えたものです。以下では、このことを踏まえて、精神の仕組みについて考えてみましょう。特に、私たちがどのように世界を認識しているのかに注目することで、精神の仕組みを明らかにしていきたいと思います。

私たちはまず、自分がいることを認識しています。次に、自分以外の他者がいることも認識しています。実際に自分の傍に誰かがいることもありますし、自分の想像の中で誰かを思い浮かべることもありますね。そして、自分と他者が、ある同じ物（第三者）を見て認識している、そういう状況をイメージしてみましょう（図３）。

ここで大切なのは、同じ物を見ていても、自分からは見えていない面が他者には見えていることがある、ということです。図３ではそれを強調するために、自分からは最も見えにくい裏側から、他者が物を見ている様子を描きました。このとき、自分と他者では物（例えば、りんごの形）の見え方が違うはずです。しかし、私たちは特に意識しなくても、物には様々な見え方が

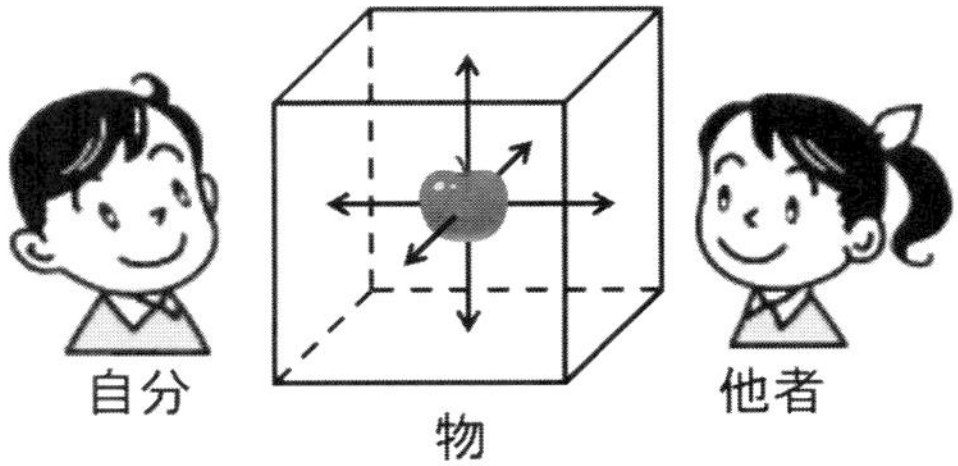

図３：自分・他者・物の関係

あることを理解していて、自分と他者で見え方が違っていても、お互いに同じ物を見ているのだと認識することができます。

こうした自分・他者・物の関係に注目すると、精神の仕組みが理解できるということが、前世紀半ばに活躍したフランスの哲学者、メルロ＝ポンティによって提唱されました。これは私たちにとっても馴染み深い状況だと思います。私たちは何かを認識するとき、物質を主体にします。物質であれば、自分と他者で見え方が違ったとしても、お互いに共通して認識できるからです。

科学が物質の現象を通して理解することを基本にしているのも、同じ理由です。科学の目的は、人類に共通の理解を築いていくことですからね。だからこそ、心理学者も、まずは物質を通して精神を理解しようとしたのでした。

このように、私たちの3次元世界では、3次元物質を主体にして、自分・他者・物の関係の中で、様々な認識が行われています。従って、これを3次元認識と呼びましょう。私たちの精神には、こうした仕組みがあるのです。

さて、私たちは今、物質を超えた世界を考えようとしています。ですから、ここからはメルロ＝ポンティの議論を超えて、物質を主体にした認識から抜け出してみましょう。

再び図3を見ると、自分と他者の間に立方体が描かれています。その立方体の中には、3方向に伸びた矢印がありますね。これらの矢印は、それぞれ認識の種類を表していると解釈することができます。

例えば、物質を主体にした認識は、上下方向の矢印で表されます。自分と他者で共通に認識できるのは、上下方向だけだからです（他の方向は、自分と他者が向かい合っているため、逆向きに認識されます）。物質の認識は、自他で共通に認識できることが特徴でしたから、同じ特徴を持つ上下方向の矢印で表されると考えるのです。また、私たちは物質の価値を表すときに、上や下、高い・低いといった言葉を使いますね。この上下方向は、そうした物質の価値観を表すものだと考えることができます。

そうすると、物質の認識や価値観から抜け出した状態というのは、この上下方向の認識が無くなった状態として表現することができます。すると、3方向のうち1方向が無くなり、2方向が残ります。従って、これを**2次元認識**と呼ぶことにしましょう。

この2次元認識では、物質（物）を認識しなくなりますから、図3は単に、自分と他者が向かい合ってお互いを見ている状況になります。この他者は、実際に近くにいる人でも、想像で思い浮かべた人でも良いのでした。

これも私たちにとって、馴染みのある状況だと思います。私たちは、様々な「他者」を思い浮かべることができますね。このとき自然と、他者が自分を見ている様子をイメージすると思います。

そして、他者が自分をどう見ているのか、気にすると思います。私たちは特に意識しなくても、その人が自分をどう見ているのかを感じ取り、たくさんいる他者の中でその人はどのくらい自分にとって大切な人なのか、優先順位を付けています。そうすることで、他者との人間関係を作っているのです。さらには、そうして出来た人間関係を見て、自分がどういう人間であるかを認識しています。言ってみれば、私たちは他者から視線を受けることで、自分自身を認識しているのです。

こうした認識の状態は、**自我**の状態と呼ばれます。自我とは、他者に優先順位を付けることに他なりません。たまたま道ですれ違った人よりも、恋人を大切にするのは、自我が恋人により高い優先順位を付けているからです。自我があるからこそ、私たちはそうした人間関係を構築することができます。自我はまるで悪いもののように言われることがありますが、そうした働きを正しく知ることも大切だと思います。

では次に、この自我の状態（2次元認識）からも抜け出してみましょう。自我の状態とは、自分が他者を見て、他者が自分を見る視線を気にする状態ですから、図3では左右方向の矢印で表されます。自分と他者が向かい合ったときの視線の方向ですね。そうすると、2次元認識から抜け出した状態というのは、上下方向と共に左右方向も認識しない状態として表現できます。3方向のうち2方向が無くなり、1方向が残ります。従って、これを**1次元認識**と呼びましょう。

この1次元認識では、物質の価値も他者の視線も気にしなくなります。他者という認識がなくなりますから、世界で起こることはすべて自分自身のこととして受け止めます。世界にあるすべては、自分の認識を形作るものだと考えるのです。世界で起こる様々な現象について、自分なりに分類して認識することはありますが、そこに価値判断を入れたり、優先順位を付けたりすることはありません。ただ純粋に世界を見ている状態になるのです。このような認識の状態は、**自己**の状態と呼ばれます。

最後に、この自己の状態（1次元認識）からも抜け出してみましょう。それには、物事を自分なりに分類することをやめれば良さそうです。何かを分類するとき、私たちは自然と物事を横に並べますね。上下に並べると優劣などの価値判断が入りやすくなりますし、前後に並べると後ろのものが見にくくなって、前のものが優先されてしまいます。物事をすべて対等に扱って分類するには、左右、つまり横に並べると都合が良いのです。

図3を見てみると、自分にとっての横方向が、最後に残った1方向（前後方向）になっています。そうすると、1次元認識から抜け出した状態というのは、この前後方向をも認識しない状態として表現できます。これで、3方向すべてが無くなりました。従って、これを0次元認識と呼びましょう。

この0次元認識では、世界で起こる様々な物事に対して、自分なりに分類することもなければ、もちろん優先順位を付けることも、価値判断することもありません。

以上、物質を超えた認識についてお話ししました。認識の状態には様々なものがあるということが、おわかりいただけたでしょうか。特に、自我と自己については、第1部でも紹介しましたね。これらの状態が哲学に基づいて説明できていることを、ぜひ確認していただきたいと思います。私たちの精神は、こうした認識の状態がすべて組み込まれた、かなり複雑な仕組みをしていると考えられるのです。

高次元世界は精神の世界か

ここまで精神の仕組みについて、特に認識の状態に注目して考えてきました。そもそも認識とは、何かを見る働きのことです。そして、その認識には様々な状態があることがわかりました。ならば、もし私たちの認識の状態を変えることができたら、私たちに見えるもの、見える世界も変わってくるのではないでしょうか。

私たちが普段見ている世界が３次元世界なのは、私たちの認識が、物質を主体とする３次元認識の状態だからです。もしそれを超えた認識の状態になれば、３次元世界を超えた高次元世界が見えるはずです。精神の仕組みと高次元世界は、このようにして密接に関わっているのではないでしょうか。以下、このことについてお話ししたいと思います。

高次元世界については、前章で宇宙誕生のシナリオと共に紹介しましたね。宇宙が誕生したとき、重力・電磁気力・原子力はすべて融合していました。その様子を説明できるのが超弦理論だと考えられていて、この理論には様々な高次元世界が登場します。

超弦理論で基本となる世界は、空間が9つの方向に広がっている、9次元世界です。そこには、あらゆる物質の素となる、弦が飛び回っています。私たちの宇宙も、最初は弦がたくさん詰め込まれた9次元世界でした。これは、原子の一兆分の一の、一兆分の一くらいの、とても小さな宇宙でした。

この小さな宇宙は、まず9次元世界の中で5次元世界だけが急激に膨らみ、次に5次元世界の中で3次元世界だけが急激に膨らみ、やがて今の大きな宇宙になっていった……。そのようなシナリオが、物理学において一つの仮説として考えられるのでした。

3次元世界については、私たちがいつも見ている世界ですので、改めて説明しなくても良いかと思います。物質が広がっている物質世界であり、3次元認識で見える世界であることも、既にお話しした通りです。

この3次元世界の周りに広がっているのが、**5次元世界**です。この世界の仕組みを知るには、5次元世界から私たちの3次元世界を差し引いた、2次元に注目すると良いようです。

3次元世界が表舞台だとすると、この2次元は裏舞台のような部分だと思えるのでしたね。これは2方向に広がるものですから、平面や曲面などの面になります。この2次元の面は、かなり複雑な形をしているのですが、最も単純に描いてみると図4のようになります。(超弦理論にはいくつかの見方があるのですが、ここでは話の流れに合う見方（専門用語ではⅡB型超弦理論）を選んで図を描いています)。実際には、この形がいくつも組み合わさったような構造になっていると考えられます。

図4で2次元面の構造を見てみると、図3の立方体とよく似ていますが、上下の面がありませんね。図3で上下方向が無くなった状態というのは、2次元認識を表すのでした。つまり、この2次元面は、2次元認識と同じ構造をしています。ならば、もし私たちが2次元認識の状態になれば、この2次元面が見えるようになるのではないでしょうか。

3次元世界の周りに2次元面が広がっている様子が見えれば、合わせて3＋2＝5次元世界が見えることになります。このように、2次元認識は5次元世界と関係していると考えることができるのです。

この5次元世界の周りに広がっているのが、9次元世界です。この世界では、弦が伸び縮みしたり振動したりしながら、飛び回っています。この弦は輪ゴムのような形をしていて、閉弦《へいげん》と呼ばれます。

実は、5次元世界にも弦がいます。この弦は端が切れていて、その端を5次元世界にくっつけて、5次元世界の中を動き回ります。開弦《かいげん》と呼ばれます。同じように、3次元世界に端をくっつけて、3次元世界の中だけを動き回る開弦もいます。こうした開弦が、私たちの世界にある物質、さらに電磁気力（光）や原子力をも作っているのです（重力だけは閉弦が作っています）。

このように、開弦は必ず他の何かに端をくっつけて、5次元世界や3次元世界を動き回ります。つまり、他者を必要とするのです。一方で、閉弦はいわば自分自身に端をくっつけて、輪っかになって9次元世界を飛び回り

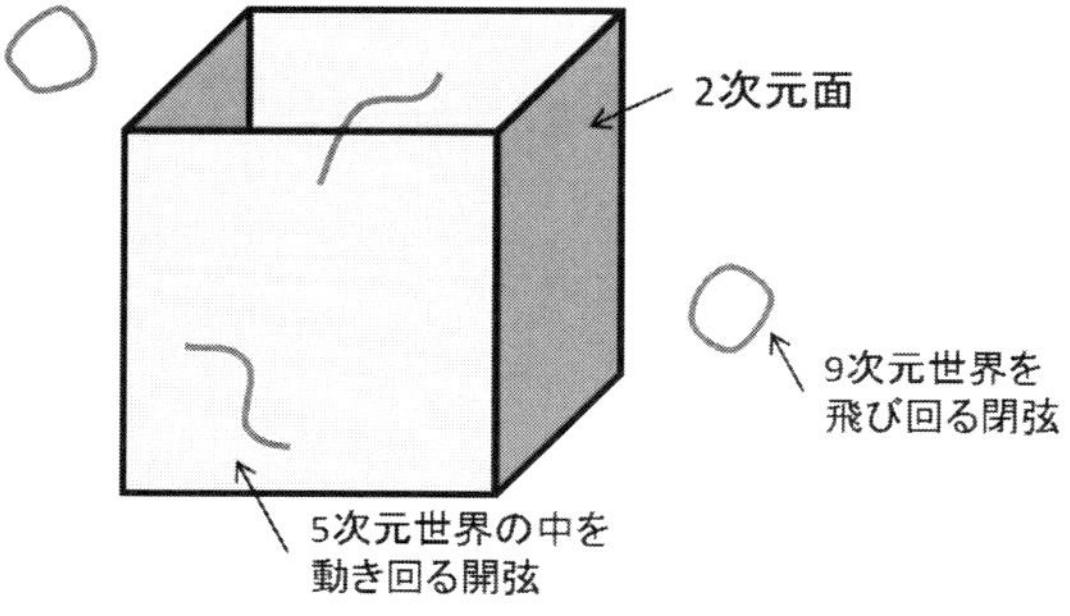

図４：高次元世界の構造

ます。他者を必要としないのです。

ここで、認識の状態について思い出してみると、他者を必要とするのは（3次元認識を除けば）2次元認識でした。他者から視線を受けて自分を認識する状態でしたね。ですから、2次元認識は、他者を必要とする開弦が動き回る5次元世界と、やはり関係していると考えられます。

一方、他者を必要とせず、自分自身で世界を認識する状態が、1次元認識でした。そうすると、これは他者を必要としない閉弦が飛び回る、9次元世界と関係していると考えられます。もし私たちが1次元認識の状態になれば、9次元世界が見えるのではないか。そのように考えられるのです。

2次元認識が2次元面と同じ構造をしていることは、先ほどお話ししましたが、この1次元認識は、弦と同じ振る舞いをします。弦も1方向に広がっているものですから、1次元です。また、閉弦が9次元世界を飛び回ることは、1次元認識で9次元世界を見渡すことに対応します。

さらに、2次元面での開弦の振る舞いを見てみましょう。2次元面は図4のように、前後左右に4つの面が組み合わさった形をしていました。実は、前後の面と左右の面は性質が違うのです。前後の面には開弦が端をくっつけられるのですが、左右の面にはくっつけられません。つまり、弦は前後方向に伸びることはできますが、左右方向には伸びないのです。

これは1次元認識の振る舞いと同じです。1次元認識は前後方向だけに広がって、左右方向には広がらないのでした。このように、2次元面での開弦の振る舞いは、2次元認識と1次元認識の関係を、そのまま表したものになっているのです。

まとめると、2次元認識は5次元世界と、1次元認識は9次元世界と、それぞれ密接に関係していると考えることができます。その根拠として、哲学が描く認識の状態と、物理学が描く高次元世界に、同じ構造や振る舞いがあることを挙げました。

単なる偶然か、こじつけだろうという意見もあるでしょう。また、所詮すべては仮説に過ぎないという批判もあるかもしれません。しかし、哲学と物理学を融合させてみると、こうした関係が浮かび上がってくることは事実なのです。これは、高次元世界が精神の世界であることの、証拠の一つと言えるのではないでしょうか。私はそう考えています。

また、これらは私が見てきた高次元世界とも関係づけられます。2次元認識は自我の状態、1次元認識は自己の状態でしたから、5次元世界は自我がうごめく幽界、9次元世界は愛が広がる霊界であると考えられます。これら幽界と霊界をまとめて、**精神世界**と呼ぶのでしたね。

最後に、9次元世界を超えて、**10次元世界**も見ておきましょう。超弦理論は10次元世界で表現することもできて、これはM理論と呼ばれます。この10次元世界から、先ほどの2次元面を見ると、少し構造が変わって見えます。

例えば、9次元世界で見ると前後の面と左右の面は同じく上下方向に広がっていましたが、10次元世界ではお互いにまったく別の方向に広がって見えるのです。同じ方向を向いていたものが、別の新たな方向を向くことになります。こうして新たな方向が1つ、9次元世界に加わったのが、10次元世界なのです。

精神の仕組みを思い出してみると、2次元面の左右方向は自我の状態、前後方向は自己の状態を表すのでした。どちらも自分が何かを認識する状態ですから、図4では上下方向を揃えて、左右の面と前後の面を組み合わせて描きました。言ってみれば、他者の視線を気にして認識する状態と、気にしないで認識する状態という、別々の現象を自分なりに分類して、まとめていたのです。
しかし、10次元世界まで行くと、そうした分類はせず、別の現象はまったく別のものとして捉えるのですね。左右の面と前後の面がお互いにまったく別の方向に広がるのは、そうした理由からだと理解できます。このように現象の分類をしなくなるのは、0次元認識でした。従って、0次元認識は10次元世界と関係していると考えられます。

この10次元世界には、弦はいません。1次元認識を抜け出した状態で見える世界なのです。そして、弦の代わりに0次元の（つまり点状の）物質の素がいて、10次元世界を飛び回っています。ですから、もし私たちが0次元認識の状態になれば、同じように10次元世界が見渡せるようになると考えられます。これは霊界を抜け出した世界ですから、神界の入口とでも呼ぶべき世界なのでしょう。

以上、認識の状態と高次元世界が密接に関係している様子について、お話ししました。認識と世界は、見るものと見られるものという関係にあります。それぞれの次元をまとめてみると、図5のようになります。認識が変われば、見える世界が変わってくる。そうしたことが、精神の仕組みを研究する哲学と、高次元世界を研究する物理学を融合させると、不思議とわかってくるのです。

悟りのステップとして

物質を超えた認識の状態になれば、３次元世界を超えた高次元世界が見える。このことを中心にお話ししてきましたが、どのような感想を持たれたでしょうか。

「見える」という言葉を使いましたが、物質を超えた世界ですから、目で見えるものではありませんね。そういう世界を「感じる」ことができる、と言った方がわかりやすいかもしれません。

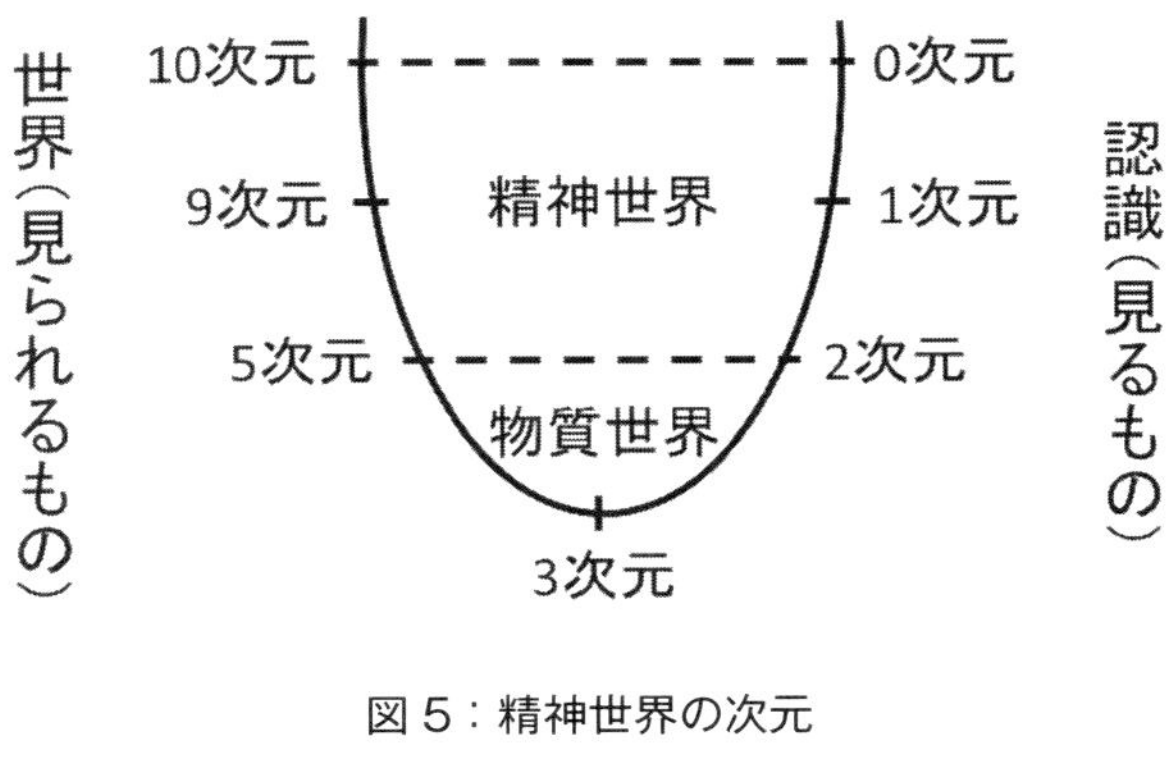

図５：精神世界の次元

3次元認識と2次元認識については、比較的身近に感じられたかと思います。物質を主体とする認識や、他者の視線を気にする認識は、皆さんも日常の生活で幾度となく経験されてきたはずです。

ただ、2次元認識といっても、物質の認識から完全に抜け出すことは稀でしょうから、5次元世界を見たという経験をお持ちの方は、それほど多くないかもしれませんね。これについては、第3部でまた違った視点からお話ししたいと思っています。

1次元認識と0次元認識については、あまり馴染みがなくて、漠然としたものに感じられたかもしれません。何だか精神修行のようなお話だと感じられた方もいるでしょう。これについては、スピリチュアルな視点からもお話ししておきたいと思います。

1次元認識の状態になるには、自我を無くせばよいのでした。スピリチュアルでも、自我を無くすことは大切だと言われています。ただ、自我を完全に無くしてしまうと、3次元世界で生きていくことが大変になります。優先順位が無くなるので、例えば親と紙屑、どちらが自分にとって大事なのか、いちいち真剣に悩むことになってしまいます。

ですから、そこまで自我を無くして生きていく必要はないと思います。スピリチュアルで勧められているのも、自分の個人的な損得勘定で優先順位を付けるのは避けましょう、という程度のことですね。それで充分だと思います。ただ、完全に自我を無くした認識の状態がある、ということを体験して知っておくのは、やはり大切ではないかと思います。

１次元認識とは、自我を完全に無くした状態であって、自己の状態ともいいました。スピリチュアルでも、「世界には自分しかいない」と言ったり、ワンネスという言葉を使ったりしますが、同じ状態を表します。

そうした認識の状態になるには、私が修行中に何度もしてきたように、瞑想をするのが良いと思います。瞑想とは、肉体こそが自分であるという３次元認識から抜け出し、他者を気にせず自分と向き合うことで２次元認識からも抜け出し、１次元認識へと至るための手段です。

肉体の力を抜いて、肉体に閉じ込めていた「自分」を解放し、自分は本来もっともっと大きい存在であることを感じます。自分を部屋いっぱいに広げ、日本全体、地球全体と広げていき、やがて宇宙全体に広がっている自分を感じるようになります。すべては自分であるという感覚、ワンネスの感覚になるのです。

これは、愛そのものの状態です。そして、1次元認識、自己の状態なのです。このとき3次元世界を超えた9次元世界が見えているというのが、先ほどのお話でした。

さらに、この自己の状態を抜け出すと、0次元認識になるのでした。何も分類せず、優先せず、価値判断もしない状態です。無為自然、自然法爾《じねんほうに》といった境地であると考えられます。

このように、哲学と物理学の融合を考えていくと、なぜか悟りの境地のようなものが見えてくるのです。そうすると、認識の状態を3次元、2次元、1次元、0次元と降っていくのは、悟りの境地へと至るステップになっていると考えることができます。

では、この悟りのステップは、0次元認識より先にもまだ続いているのでしょうか。0次元認識とは、123ページで示した図3の立方体で、3方向の矢印が表す認識をすべて無くした状態でした。もう無くすものは無いように思うかもしれません。しかし、実はまだ残っているものがあります。それは、時間の流れです。

時間が経つにつれて、自分の体験が刻々と変化していく様子を、ただ純粋に認識している。それが０次元認識なのです。従って、これより先のステップに進むには、時間の認識について考えていけば良さそうです。

ここまでいろいろな次元を考えてきましたが、すべて空間の方向を扱っていて、時間については何もお話ししませんでした。ですから、次は時間について詳しく考えていくことにしましょう。時間の認識を変えれば、さらに高次元の世界が見えてくる。精神世界を超えた生命世界が見えてくる。そんなことが期待できそうですね。

３章　生命を描く時間と究極の世界

物の見方を変えると、世界が違って見えてくる。こんなことが、最近のスピリチュアルブームの中でよく言われているようです。

物質ばかり見ないで、精神も大切にしよう。他人の反応ばかり気にしないで、自分の素直な気持ちを大切にしよう。自分勝手な損得勘定で判断しないで、物事をあるがままに見よう。そうすれば、自分の周りには素晴らしい世界が広がっていることに気付いて、生きやすくなりますよ。そういう話を私もよく見聞きします。

前章のお話は、これと似ているかもしれません。認識の状態が変われば、見える世界が変わる。そんな仮説が、科学の議論から浮かび上がってきたのでした。科学とスピリチュアルは対立するものと見られがちですが、こんなふうに融合することもできるのです。

私たちは普段、物事を認識するとき、物質の価値観を基準にしています。そして、縦・横・高さの3方向に広がる3次元世界を見ています。ところが、認識の状態を変えて、物質の価値観から抜け出してみると、高次元の世界が見えてきます。

私たちの宇宙が誕生したときに関わったとされる高次元世界が、実は精神の仕組みを通して、今現在も私たちと密接に関わっていると考えられるのです。高次元世界を扱う物理学と、精神を扱う哲学や心理学を融合させてみた結果、そういう結論が得られたのでした。

精神の仕組みには、いろいろな認識の状態が組み込まれています。物質の価値観、他者からの視線、体験の分類。そういうものを基準にした認識の状態があって、それらを順々に抜け出していくと、やがて悟りのような精神状態に至ります。そして、その悟りのステップを進んでいくごとに、より高い次元の世界が見えてくるのでした。

前章では、自然法爾のような境地まで辿り着きましたね。あらゆる現象を自分の体験として捉え、それらが時間の流れの中で刻々と変化していく様子を、ただ純粋に認識している。この状態を0次元認識と呼び、このとき10次元世界が見えることをお話ししました。


この章では、さらに先のステップへと進んでみましょう。それには、時間の認識について考えると良さそうだという話でしたね。0次元認識までは、ただ時間に流されているだけでした。こうした時間の認識が変われば、見える世界も変わるはずです。

また、時間は生きることと密接に関係しますから、生命とは何かという問題にも触れることになります。さらに、物質と精神、哲学と物理学、空間と時間、認識と世界、様々なものの融合を突き詰めていくことで、高次元世界の究極まで、朧《おぼろ》げながらも見えてくるのです。それによって、大宇宙の全体像が垣間見えるようになります。そんなお話をしてみようと思います。

生きることを表す「時間」

私たちは普段、時間をどのようなものと認識しているでしょうか。過去から現在、現在から未来へと、1本の線に沿って流れているものだ、と考える人が多いかと思います。

最近では、時間は未来から現在、現在から過去へ流れている、と考える人も増えてきているようです。宗教やスピリチュアル、心理学でも、そういう話を見聞きするようになりました。ただどちらも、時間というのは、過去と現在と未来が1本の線の上にあって、その線に沿って流れているものだ、と考えていることに変わりはありませんね。

そして、私たちは記憶を思い出すことによって、過去を認識します。いま起こっていることを見て、現在を認識します。これから起こることを予期することで、未来を認識します。私たちは普段、そうやって時間を認識しているのです。

このように認識される時間のことを、ドイツの哲学者ハイデガーは、通俗的時間と呼びました。彼は『存在と時間』という有名な哲学書を著しましたが、その題名の通り、時間というのは存在、特に自分の在り方を表すものだと考えていました。過去を思い出し、未来を予期しながら生きる。そのような在り方のとき、私たちは通俗的時間を認識していることになります。

さて、私たちは今、時間の認識を変えようとしています。そのためには、通俗的時間とは違う時間を認識する必要がありますね。

実はハイデガーは、通俗的時間よりも根源的な時間があると考えていました。その時間には過去や未来はなく、現在しかありません。まさに今この瞬間、様々なものと出会い、そのものについて思慮して、そのものとの関係に応じた認識をする。そのような生き方（在り方）をしているとき、私たちは根源的時間を認識している。ハイデガーはそう考えたのです。

実際、私たちは毎瞬、様々なものと出会います。例えば、お茶を飲むことがありますね。このとき、まずはお茶を味わって、例えば美味しいと思います（思慮する）。そして、自分は美味しいお茶を飲んだのだと認識します（関係に応じて認識する）。私たちにとっては、日常の何気ない一瞬の出来事です。ここに過去も未来もありません。今まさに自分が生きている瞬間を表しています。この瞬間こそが、根源的時間だというのです。

このように、根源的時間というのは難しいものではなくて、むしろ当たり前すぎて普段は認識していない時間なのです。しかし、この当たり前の時間について考えると、精神の仕組みについてより深い理解が得られます。以下、それについてお話ししたいと思います。

ここからはハイデガーの議論を超えますので、根源的時間の呼び方を変えましょう。生きている瞬間を表す時間という意味で、私は**生命時間**と呼んでいます。

先ほどのお茶の例を、もう一度考えてみましょう。お茶を飲んで美味しいと思い、自分は美味しいお茶を飲んだと認識する。この瞬間が生命時間の例なのでした。

前半、お茶を飲んで美味しいと思うときには、純粋に自分の体験として現象を捉えています。特に他者は想定せず、主観的に体験しています。このような認識の状態を、自己の状態（1次元認識）と呼びました。

一方で後半、自分は美味しいお茶を飲んだと認識するときには、客観的に現象を捉えています。お茶を飲んでいる自分を、どこからか見ている他者を想定しています。このように他者の視線を気にする状態を、自我の状態（2次元認識）と呼びました。

私たちが生きている姿というのは、こうしたプロセスの繰り返しだと考えられます。自分の前に現れてきた現象を、まずは自己の状態で主観的に感じ、次に自我の状態で客観的に感じることで認識する。そうすると、その現象は自分の前から消えてゆき、次の瞬間、また別の現象が現れてくる。生命時間は、まさにその様子を表しているのです。

前章のお話では、自己や自我の状態を表すのに、立方体の絵を使いました（図６上）。この絵を使って生命時間を表すには、立方体を真上から見るとわかりやすいと思います（図６下）。

自己の状態は、自分から見て物事を左右に並べて分類する状態ですから、

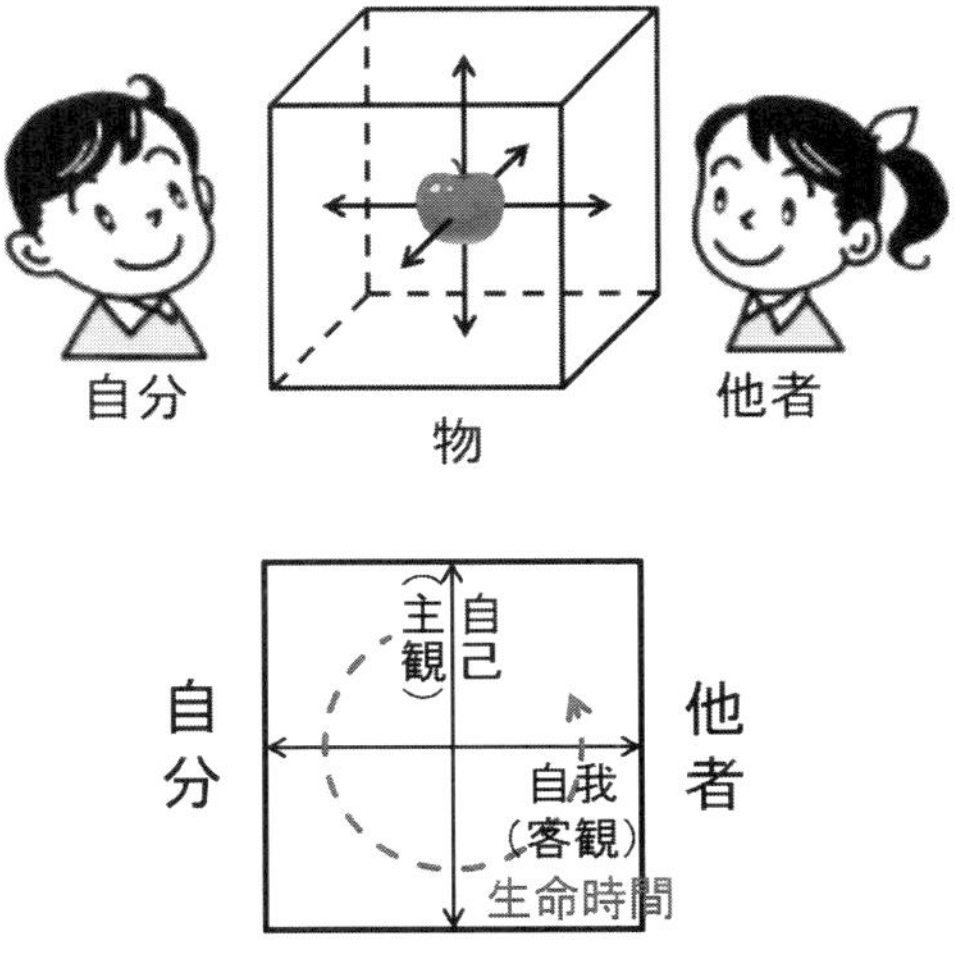

図６：自己・自我の状態と生命時間

ここでは縦方向の矢印で表せます。自我の状態は、他者からの視線を気にする状態ですから、横方向の矢印で表せます。そうすると、生命時間は自己と自我が入れ替わる様子を表しますから、矢印が回転して、縦、横、縦、横と方向が入れ替わる様子として表現することができます（図6下）。

このように、生命時間は回転するものとしてイメージすると良いのです。例えば、車輪が回転する様子をイメージしてみましょう。今まさに車輪が回転している瞬間を見ることが、生命時間を認識することにあたります。

この車輪が地面の上で回れば、車輪は前へと進み、地面には轍《わだち》ができます。この轍を見るのは、車輪が通ってきた過去を見ることにあたります。また、この先どのような轍ができるかを予期するのは、未来を見ることにあたります。過去や未来を見るとき、私たちは通俗的時間を認識しているのでした。このように生命時間と通俗的時間は、車輪と轍の関係としてイメージすることができます。

一瞬一瞬、車輪が回転することで1本の轍が出来るように、一瞬一瞬の生命時間を体験していくことで、１本の線で表される通俗的時間が出来るのです。その様子を描いたのが図７です。そうすると、１本の線に沿って流れる通俗的時間（図７左）は、今生きている瞬間を表す生命時間がたくさん並んで出来たもの（図７右）なのだと、捉え方を変えることができます。

これが、時間の認識を変えるということなのです。連続的に流れる通俗的時間を認識するのをやめて、一瞬一瞬の生命時間を認識する。そうすると、０次元認識から抜け出すことができると考えられます。通俗的時間は１方向に広がっていますが、生命時間は瞬間なので広がりがありません。ですから、次元が１つ減りますね。従って、これを**マイナス１次元の認識**と呼ぶことにしましょう。

先ほど、生命時間は当たり前すぎて、普段は認識していない時間であると言いました。ならば、物質を基準とする３次

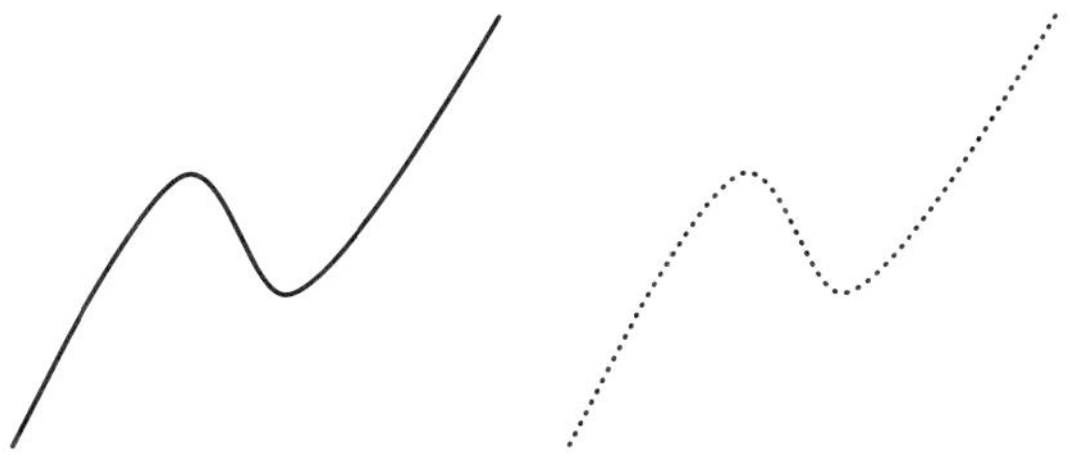

図７：通俗的時間と生命時間のイメージ

元認識の状態からでも、すぐに生命時間を認識することはできるだろうと思うかもしれません。実際、ほんの短い間であれば可能でしょう。

しかし、私たちは通俗的時間に流されて生きることに慣れ切っています。一瞬一瞬を認識し続けて延々と生きていくのは至難の業です。やはり、まずは物質の価値観、他者の視線、体験の分類に囚われた状態から抜け出す必要があるのです。

そうして自己の状態や自我の状態からも抜け出し、0次元認識の状態になって初めて、自己の状態と自我の状態が繰り返し入れ替わる様子を、何にも囚われず純粋に見ることができるようになります。

そして、この入れ替わる様子こそが、今生きている瞬間であると認識できるようになると、生命時間を認識し続けられるようになっていくのです。そういう境地に達して、通俗的時間の流れから抜け出した生き方が、マイナス1次元認識の状態です。

物質の価値観、他者の視線、体験の分類、そして時間の流れ。これらの基準を順々に取り除いていくことで、マイナス1次元認識まで辿り着きました。もうこれ以上、取り除けるものは何もありませんから、これが究極の認識の状態であると考えられます。

それでは、このマイナス１次元認識の状態になったときに、どのような世界が見えるのかということを、次に考えていきたいと思います。

生命時間が現れる高次元世界

物質を超えた認識の状態になると、高次元世界が見えてくる。前章では、このことについて、超弦理論という高次元世界を記述する物理学を使って、お話ししました。

超弦理論には、２次元認識を表す２次元面、１次元認識を表す弦、０次元認識を表す点状の粒子があります。これらは順に、５次元世界、９次元世界、10次元世界に広がったり飛び回ったりします。このことから、それぞれの認識の状態のときには、それぞれの高次元世界を見渡すことができるのだと結論づけました。

では、マイナス１次元認識を表すものについても、同じように考えてみましょう。超弦理論には、空間にも時間にも広がらず、瞬間的（インスタント）に存在する、インスタントンと呼ばれるものがあります。これはマイナス１ブレーン※とも呼ばれます。

このマイナス1は、マイナス1次元という意味です。マイナス1次元というのは、実は超弦理論の言葉でもあるのです。従って、これがマイナス1次元認識を表すものだと考えれば良さそうです。

ならば、このインスタントンが飛び回る高次元世界が、マイナス1次元認識の状態で見える世界だと考えられます。そこには生命時間が見えるはずですね。このように、生命そのものが現れる世界を、**生命世界**または神界と呼ぶのでした。本当にそうなっているのか、確認してみましょう。

超弦理論で基本となる世界は、空間が9つの方向に広がっている、9次元世界でした。時間については今まで何も言及しませんでしたが、物理学で通常扱われる時間が流れています。過去と現在と未来を1本の線で繋いで、その上に数を連続的に並べて表される時間で

※超弦理論に登場するものは、一般にブレーンと呼ばれます。これは膜（メンブレーン）に由来する造語で、膜のように広がって存在します。例えば5次元空間に広がるブレーンは5ブレーンというふうに、次元を付けて呼び分けます。

す。以下では、これを連続的時間と呼びますが、哲学の通俗的時間と同じものだと思っていただいて構いません。

インスタントンが飛び回るのは、基本的にこの9次元世界です。しかし、その振る舞いをよく調べると、連続的時間の他にもう1つ、時間があることがわかります。この時間は、ほとんど広がりがなく、ほんの一瞬を表します。まさに、生命時間だと考えられるのです。

この生命時間は、超弦理論において重要な役割を持っています。9次元世界において、弦がどのような物質の素になり、それらの物質がどのように影響を及ぼし合うのか。そうした設定には無数の可能性があるのですが、その中から一つを選んで決めるのが、この生命時間の役割なのです。

もう少し詳しく説明すると、生命時間は必ず空間方向1つとペアで存在します。この空間方向は、9次元世界の外にある新しい方向です。この方向と生命時間の方向の2つを組み合わせると、平面が作れます。生命時間は、この平面の中で一瞬一瞬、回転するようにして振る舞います。147ページの図6下のように円を描くこともありますし、もっと複雑な形を描くこともあります。この生命時間が振る舞う様子に応じて、9次元世界の設定が決まるという仕組みになっているのです。

そうすると、インスタントンが飛び回る世界は、9次元世界（9次元空間＋連続的時間）と平面（新しい空間方向＋生命時間）を合わせた、10次元空間＋時間2個の高次元世界であることがわかります。これを10＋2次元世界と呼びましょう。この世界で超弦理論を表現したものは、F理論と呼ばれています。超弦理論を最も高い次元から見る、父親（father）のような理論だと考えられているからです。


では、これがマイナス1次元認識で見える世界のすべてなのでしょうか。私はそうではないと思っています。9次元世界の設定を決める生命時間が10＋2次元世界にあるならば、その10＋2次次元世界の設定を決める生命時間もあるでしょう。この生命時間はさらに新しい空間方向と組み合わさって平面を作りますから、合わせると11＋3次元世界になります。ならば、その11＋3次元世界の設定を決める生命時間もあるでしょう。

この話は無限に続きます。そうして行き着くところは、無数の生命時間がある**無限次元世界**です。私は、これがマイナス1次元認識で見える世界だと考えています。究極の認識状態で見える世界は、究極の高次元世界であるはずです。それはやはり無限次元の世界でしょう。

ただ、無限次元世界についてお話しする前に、途中の世界について考えておきたいと思います。これらの世界には、空間と時間の方向がたくさんあります。そのような世界は超弦理論の範疇を超えてしまうので、現時点ではしっかりとした物理学の理論で表現することができません。しかし、数学を使えば、こうした世界にどのような物質の素が存在して、どのように振る舞うのか、ある程度調べることができます。

実際に調べてみると、面白いことがわかります。空間と時間の方向がたくさんある世界では、空間と時間の区別が曖昧になるのです。

例えば、生命時間が４個あるとき、その４個の生命時間の方向を４個の空間方向と読み替えても、物質の素の振る舞いは殆ど変わりません。生命時間がたくさんある世界を想像するのは難しいですが、生命時間の方向を４個ずつ空間方向に読み替えていって、最後に残ったものだけを考えれば、その世界の様子を知ることができるのです。

このとき、生命時間の方向は４個ずつ減りますから、残るのは必ず３個以下になります。方向が３個までなら、３次元世界にいる私たちにもイメージすることができますね。

生命時間の方向が１個の世界では、生命時間は線に沿って（１次元に）並びます（１４９

ページ図7右)。1つ1つの点は、生命時間が回転する瞬間を表します。回転すると、地面を転がる車輪のように前に進んで、轍に沿って点が並びます。

生命時間の方向が2個の世界では、回転して進む方向が2個になりますから、生命時間は平面（2次元）に散りばめられます。生命時間の方向が3個の世界では、回転して進む方向が3個になり、立体的（3次元）に散りばめられます。生命時間の方向が0個の世界では、回転して進む方向がありませんから、生命時間はすべて一点（0次元）に集まります。

このように、マイナス1次元認識の状態で見える高次元世界では、生命時間が散りばめられたり集まったりしている様子があらわに見えるのです。私たちは一瞬一瞬、その中の一つを選んで体験して生きていくことになります。一瞬一瞬、生命時間を選んで生きていくのですから、連続的な時間に流されることはありません。

もし自分が選んできた軌跡を振り返れば、過去が認識できるでしょう。これから選ぶであろう軌跡を予期すれば、未来が認識できるでしょう。そうやって連続的時間（通俗的時間）を認識することは可能です。すべての高次元世界に連続的時間は含まれていますから、認識しようと思えばできます。

しかし、それを認識しないのが、マイナス1次元認識の生き方です。認識する時間は生命時間、つまり今生きている瞬間だけなのです。

以上のお話から、大宇宙の仕組みを朧げながらもイメージすることができると思います。生命時間はそれぞれ平面に描かれていました。その平面が玉葱の皮のように幾重にも重なって、高次元世界を創っているとイメージしてみましょう（図８）。皮を一枚剥くと、少し低い次元の世界になります。その低い次元の世界の設定を決めているのが、剥いた皮に描かれた生命時間です。

皮をすべて剥くと玉葱の芯が残りますが、これが９次元世界です。この９次元世界の設定を決めているのは、最後に剥いた皮に描かれた生命時間です。その９次元世界の中に５次元世界があり、そして私たちに馴染み深い３次元世界があります。

このように考えていくと、生命時間とはあらゆる次元の世界の設定を決めている、大宇宙の設計図のようなものだとイメージすることができます。その設計図を見な

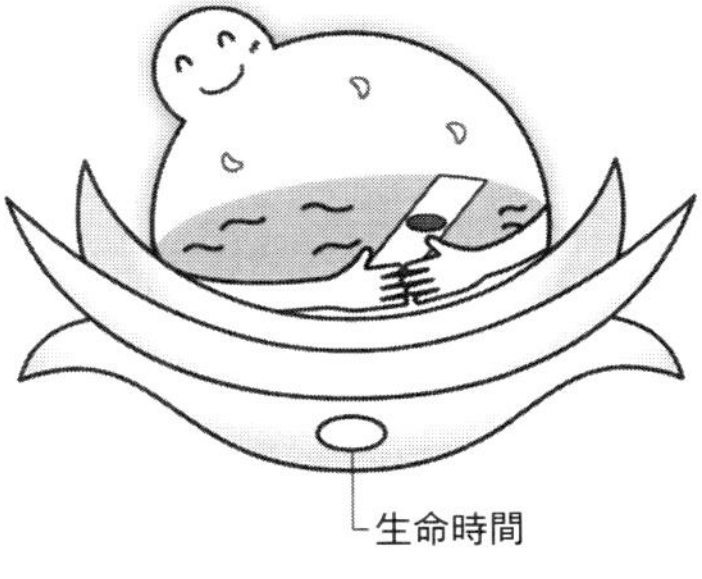

図８：大宇宙の仕組みのイメージ

がら、一瞬一瞬を選んで生きていくのが、マイナス1次元認識の状態なのです。

究極なる世界へ

それでは最後に、究極の認識状態で見える、究極の高次元世界についてお話ししましょう。すなわち、マイナス1次元認識の状態で見える、無限次元世界について考えていきます。

ここまで来ると、哲学も心理学も、物理学も数学も、ほとんど知識が尽きてしまいます。どのような世界であるのか、手探りで議論するしかありませんが、頑張って眺めてみたいと思います。

さて、3次元世界は物質の世界でした。それを超えると、精神の仕組みが見える世界になりました。さらに高次元になると、生命を描く時間が見える世界になりました。ですから、すべての物質と精神と生命が共存しているのが、高次元を究極まで突き詰めた、無限次元世界であると考えられます。物質と精神と生命が融合した世界であると言っても良いと思います。こうした世界の構造をまとめたのが、図９です。

また、空間と時間の方向がたくさんある高次元世界では、空間と時間の区別が曖昧になるのでした。無限次元世界まで行くと、どちらの方向も無限個になりますので、ますます区別が無くなると考えられます。空間と時間が融合した世界であるということです。

さらに、認識と世界も融合すると考えられます。無限次元世界の様子を知るには、無限個のパラメータを持つ、無限個の方程式を解くことになりますが、これは（極めて特殊な場合を除い

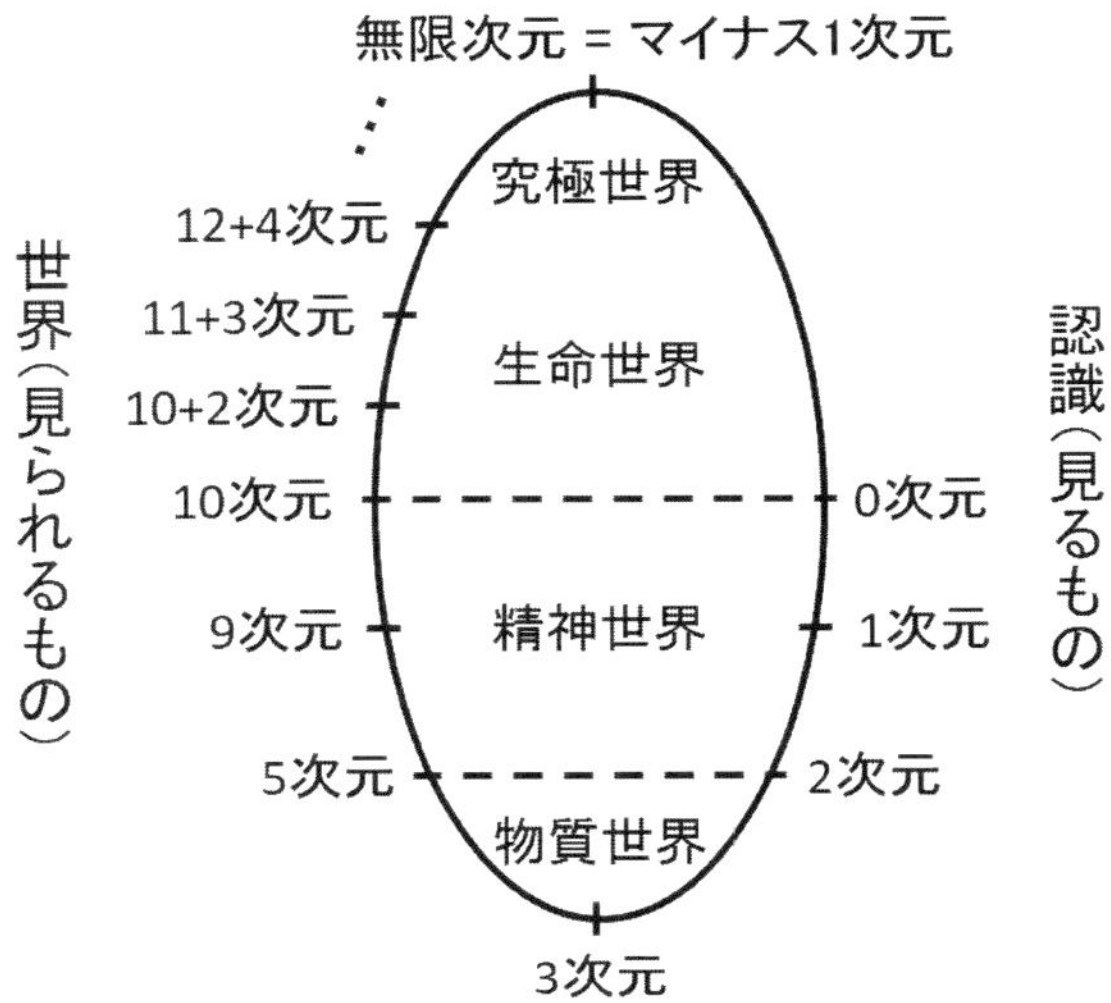

図９：大宇宙の次元の構造

て）不可能です。言わば、あらゆる可能性がありながら、具体的には何も決まっていない世界なのです。これは、在るとも無いとも言えないような世界です。

一方で、マイナス1次元認識は、空間にも時間にも広がらない状態でした。これもまた、在るとも無いとも言えないような状態です。在ることと無いことが融合した状態と言っても良いかもしれません。

究極の認識と究極の世界は、同じくこの不思議な状態にあるのです。認識と世界は見るものと見られるものという関係にありますが、究極の世界ではその対立を超えて融合しているということです。図9に、無限次元＝マイナス1次元という変わった式を書きましたが、これはそのことを表現しています。

男性性と女性性については前にお話ししましたが、これも融合すると考えられます。男性性は次元を降る方向性で、女性性は次元を昇る方向性でした。つまり、男性性は無限次元からマイナス1次元へと降り、女性性はマイナス1次元から無限次元へと昇ります。そして、この無限次元とマイナス1次元は、同じ状態なのでした。

男性性と女性性は、出発点も終着点も、すべて同じく究極の世界なのです。従って、究極の世界においては、男性性と女性性は区別がなくなり、融合していると考えられます。そこから逆向きに流れ出した男性性と女性性のエネルギーが再び出会うことで、私たちの３次元世界を初め、すべての次元の世界が創られていると考えられるのです。

このように、物質と精神と生命、空間と時間、認識と世界、男性性と女性性、そして在ることと無いことすら、対立を超えて融合している世界。また、すべての出発点であり、すべての終着点であり、すべての可能性がありながら、何も決まっていない世界。これが、無限次元に広がる究極の世界、大宇宙の姿であろうと考えられます。

こうした**究極世界**の姿は、私の感覚では、神に極めて近いものです。神といっても、願い事を叶えてくれたり、苦しみから救ってくれたりするような存在ではありません。自分が存在して、生きて、様々な体験をして、それを認識することを可能にしてくれている、そういう存在です。

第１部では私の霊的な体験に基づいて、究極世界のことを究極の神や宇宙創成の神と呼びましたが、哲学と物理学の融合を通して、まさにそうした存在を見ることができるのです。

そのように考えると、究極世界の姿から、私たちが生きる指針のようなものを見出すことができます。例えば、究極世界には、あらゆる可能性が用意されているのでした。ですから、私たちはそれらを自由に選んで体験していけば良いはずなのです。

ところが、宗教を信仰する人々の中には、神の意志に背くことを怖がりながら生きている人々が少なくありません。確かに、世界の安定や調和を乱すようなことをすれば、何らかの揺り戻しは起こるでしょう。ただ、それを無闇に怖がって自分の行動を制限してしまうと、せっかく用意されている無限の可能性を否定することになってしまいます。

一方で、神は死んでいるか沈黙していると思い込み、何をしても良いのだと考えて生きている人々も少なくありません。しかし、このお話で垣間見えた究極世界の姿が正しいとすれば、自分がいつも様々な体験ができていること自体、究極世界が無限の可能性を与えてくれている証なのです。ならば、そのことを認識しながら、できれば感謝しながら、生きていく方が良いだろうと考えられます。

この究極世界を実際に見るには、究極の認識状態になれば良いのでした。私はこれが悟りの状態であると考えています。そこには過去も未来もなく、現在しかありません。スピリチュアルでも「今を意識して生きなさい」と言われますが、これは悟りを得るための極意なのでしょう。

一瞬一瞬、自分が生きて、様々な体験をしていることを、何にも囚われずに認識していきます。このとき、対立するものがすべて融合していくような認識の状態になります。究極世界ではあらゆる対立が融合していますから、そういう究極の認識になったとき、究極世界を見渡せるようになると考えられます。より正確には、究極の認識と究極の世界は同じ状態でしたから、究極世界を見渡せるというよりも、究極世界そのものになります。言わば、神そのものになるのです。

従って、ここが悟りのステップの終着点になると考えられます。悟りのステップとは、様々な認識の状態を抜け出して、あらゆる対立を融合させて、最終的には神そのものに至る、果てしない道程であるのです。

以上、哲学と物理学の融合を通して、究極の世界を眺めてみました。人類はいずれこれを科学として理解するようになると思いますが、それには相当な時間がかかるでしょう。科学というのは、じっくりと時間をかけて様々な証拠を集め、着実に理解を積み上げていく営みです。だからこそ、地球人類は科学を信用するようになったのです。

従って、私たちは究極の無限次元世界があることを知りつつも、まずは5次元世界や9次元世界を使いこなす科学技術を作り出して、高次元世界が存在することを確認し、その様子を疑う余地がないまでに理解していくべきだろうと思います。

実は、地球人類は知らず知らずのうちに、それに向かって歩み始めているようなのです。次の第3部では、そのことについてお話ししたいと思います。高次元世界を使いこなす方法を具体的に考えていくことで、皆さんにより身近に高次元世界を感じていただけるようになると期待しています。

第3部

高次元世界の応用

ここまで、物質世界を超えて広がる高次元世界の様子について、いろいろな視点からお話ししてきました。

第1部では私が霊修行で体験したことを通して、高次元世界の仕組みを紹介しました。第2部では、そうした仕組みを地球世界の言葉を使って、私なりに表現してみました。

私としては出来る限り噛み砕いて話してきたつもりですが、特に第2部では哲学や心理学、物理学や数学など、様々な専門分野で使われる言葉や考え方が出てきましたから、難しいと感じた方もいらっしゃったかと思います。

ただ、何か新しい世界観を提案しているのだということは、感じ取っていただけたと思うのです。

私たちが普段見ている世界は、縦・横・高さに広がる3次元世界であり、これは物質の価値観で見える世界です。物質の価値観を超えた認識の状態になると、精神や生命があらわに描かれた高次元世界が見えるようになります。

そして、高次元世界を究極まで突き詰めると、あらゆるものが対立を超えて融合した状態になっています。この究極の世界から流れ出す男性性と女性性のエネルギーによって、すべての次元の世界は創られ、また繋がっています。私たちの3次元世界は、それらすべての高次元世界に包み込まれるようにして存在しているのです。

こうした世界観は、これから科学として研究されていくことになると思います。都合の良いことに、高次元世界を表現できる科学は既に生まれていて、超弦理論として発展してきています。この超弦理論が土台となって、高次元世界の科学が創り上げられることでしょう。しかし、高次元世界を学問として研究するだけではなく、人類が使いこなして理解していくことも大切だと、私は考えています。高次元世界の仕組みを、私たちの生活、文化、文明にどう活用していくか、その方法を考えるべき時期が来ているように思うのです。

このような時期にスピリチュアルが流行しているのも、自然な流れなのでしょう。物質文明から精神文明へと、人類は知らず知らずのうちに移行し始めているのだと、私は理解しています。

物質文明は物質世界の仕組みを解き明かし、人類に豊かな生活をもたらしてくれましたが、最近その行き詰まりが指摘されるようになってきました。物質だけに注目して世界の仕組みを解き明かすことには、限界が来ているのです。ならば、次は精神世界の仕組みを解き明かすことで、さらに素晴らしい生き方を目指していくべきではないでしょうか。

物質文明を否定して逆戻りするのではなく、物質の大切さを充分に認識した上でさらに先へと進んでいくのです。来たるべき精神文明とは、それを実現してくれるものだと、私は考えています。

精神文明を創り上げていく方法としては、様々な選択肢が考えられるかと思います。その中で最初に、私が経営者の方々との交流を通じて考えるようになった、高次元世界の仕組みを活用してマネー（お金）を進化させる方法について、お話ししてみたいと思います。

1章　マネーの進化

第2部のお話を思い出してみると、1章では宇宙誕生のシナリオを通して、高次元世界を紹介しました。私たちの宇宙は初め、とても小さな9次元世界でした。やがて5次元世界だけが膨らみ（プレ・インフレーション）、さらに3次元世界だけが大きく膨らみ（インフレーション）、その後も様々な進化を遂げて、現在の宇宙の姿になりました。そのようなシナリオが一つの説として考えられるのでした。

また、2章では精神の仕組みを通して、高次元世界を紹介しました。9次元世界や5次元世界がどのような世界であるのか、認識の状態と関係づけてお話ししましたね。

この章では、これら宇宙誕生のシナリオと精神の仕組みを応用することで、マネーの新しい仕組みを考えていきたいと思います。

これは哲学と物理学に、さらに経済学を融合させようという試みになります。不思議な組み合わせだと感じるかもしれませんが、私たちに今さら躊躇する理由はないはずですね。何故って、すべての源である究極の無限次元世界では、あらゆるものが融合しているとお話ししたではありませんか。

マネーの歴史

マネーの進化について考える前に、マネーが今までどのように発展してきたのか、簡単にお話ししておきたいと思います。

マネーができる前、人々は物々交換をしていました。自分が欲しいものと他人が欲しいものを交換して、生活していたのです。しかし、自分が欲しいものを他人が持っていても、他人が欲しいものを自分が持っていなければ、交換は成り立ちません。

そこで、何とでも交換できるものがあると便利ではないかと、人々は考えるようになりました。初めは、塩や油、穀物、家畜など、誰もが生活に必要とするものが使われました。これがマネーの始まりです。

ただ、食べ物は腐ることがありますし、動物はいつまでも元気とは限りません。そうなると価値が下がってしまいます。マネーとして使うものは、なるべく価値が変わらないものの方が良いですね。そこで、珍しい貝殻（タカラガイなど）や貴金属（金、銀、銅、鉄など）が使われるようになりました。

さらに、貴金属を加工する技術ができると、各地の王様などが職人に命じて、細工を施したコインを作るようになりました。紀元前1000年ごろのギリシアでは、既にコインが使われていたようです。その後も、世界各地で様々なコインが作られ、経済活動に使われてきました（現在使われている硬貨は、材質で価値が決まっているものではないので、ここで言うコインとは異なります。現在の硬貨は、紙幣の補助をすることで、その価値が認められているのです）。

経済活動が活発になると、商品を買いたいと思う人が増えるので、商品の価値が上がり、物価が上がります。そのため、人々はやがてコインをたくさん持つようになりました。保管の場所に困った人々は、頑丈な金庫を持っている人に保管料を払って、コインを預けるようになります（今の銀行は預けると利子が付きますから、逆ですね）。そして、預り証を紙で発行してもらい、それを手元に置くようになりました。

この預り証を持っていけば、いつでもコインと交換できる、というのが約束でした。ところが、コインを預かった人は、コインを借りたいと頼みに来た人々に貸してしまうようになります。そして、借りた人から利息を取るようになります。

これは約束違反なのですが、とにかくそういう仕組みが作られたのです。これが銀行の始まりです。近代的な銀行は、17世紀のイギリスで始まったとされています。

当時の人々は高額の支払いをするとき、銀行に預り証を持っていってコインと交換し、コインで支払いました。支払いを受けた人は、受け取ったコインを銀行に預けに行って、預り証を受け取りました。

それを繰り返すうちに、人々はあることに気づきます。お互いにわざわざ銀行に行かなくても、支払うコインの分の預り証を受け渡しすれば良いではないかと考えるようになったのです。こうして、預り証がコインの代わりに、マネーとして使われるようになりました。これが紙幣の始まりです。

紙幣（預り証）での支払いはとても便利で、人々が銀行で紙幣とコインを交換することは、どんどん減っていきました。すると、銀行家たちはこう考えました。「自分たちが預かっているコインよりも多く、紙幣を発行してしまおう。それを貸し出して、その分の利息も稼いでしまおう」と。

普通に考えれば、これは詐欺ですよね。もし人々が一斉に紙幣をコインに交換しに来たら、交換するコインが足りなくなって、詐欺がばれてしまいます。そこで、銀行家たちは一計を案じました。「一つの銀行だけではコインが足りなくなるかもしれないが、そのときは複数の銀行でコインを融通し合って乗り切れば良い。人々は一旦コインに交換しても、すぐにまたどこかの銀行に預けるのだから、融通し合ったコインは必ず回収できるはずだ」と。

実際に、銀行はそうやって、持っているコインや貴金属の量よりも多く、紙幣を発行するようになります。その大量の紙幣を人々に貸し出したことで、世の中に大量のマネーが流通するようになりました。これが資本主義の始まりです。

すると、経済が急激に成長するようになりました。マネーを借りた人々は、銀行から利息を要求されますから、儲けなければいけないというプレッシャーを感じます。さらに、時間が経てば利息は増えるので、なるべく早く儲けようと考えます。そうして、人々は精神論や伝統を守ることよりも、経済活動をしてマネーを稼ぐことの方が大切だと思うようになったのです。

それが人間として良いかはさておき、産業は大いに活性化しました。また、マネーを稼いで購買力を持つ人々が増えました。物が買える人が増えれば、物を作る量も増えます。特に、工業製品の生産量が急激に増えていきました。これが、18世紀半ばから19世紀にかけて起こった産業革命です。

このころから、銀行はマネーを預かるときに保管料を取るのをやめて、逆に預かったマネーに利子を付けるようになりました。それによって、人々はますますマネーを銀行に預けるようになり、銀行は人々の信用を勝ち得ていきました。

そうなると、銀行が発行する紙幣はますます身近なものになり、コインなどの貴金属と交換することは、ほとんど無くなりました。そのうち銀行は、紙幣と貴金属を交換するのを止めるようになりました。

アメリカのドル紙幣だけは、世界の中心的な紙幣として、最後まで金（ゴールド）と交換できることが保証されていたのですが、１９７１年、ついに交換が停止されました。現在、世界中のすべての紙幣は貴金属と交換することができません。紙幣はいつの間にか、貴金属の預り証ではなくなってしまったのです。

私たちは今日も、紙幣を価値のあるものだと信じて使っていますが、そこに物質的な裏づけは何もありません。ただ、私たちが紙幣の価値を信用しているだけなのです。

そもそも、紙幣がどのように作り出されているか、理解している人はあまり多くないようです。銀行は、私たちが預けたマネーの一部を、誰かに貸し出しているのだと思っていたら、それは間違いです。実際は、何も無いところにマネーを作り出して、それを貸しています。これを信用創造※といいます。

そして、銀行にマネーが返ってきたら、そのマネーを消して、元の何も無い状態に戻すのです。ただ、返ってくるときに利息が支払われますから、その利息は銀行の儲けになります。


つまり、私たちの手元にある紙幣は、銀行が無から作り出して誰かに貸した、借金の一部が流れてきたものなのです。そこに物質的な裏づけは一切ありません。そう聞くと、あまりに無責任な話だと感じるかもしれませんね。しかし一方で、その紙幣が私たちの経済活動を日々支えて、豊かな生活をもたらしていることも、また事実なのです。

※ただし、銀行は無尽蔵にマネーを作り出せるわけではありません。中央銀行（日本なら日本銀行）に預けた金額の何倍までマネーを信用創造できる、ということが法律で決められています。さらに、物価が大きく変わらないように、信用創造する量を調節しています。

マネーの創造と宇宙の誕生

この信用創造こそが現在のマネーの仕組みの根幹ですので、もう少し詳しくお話ししたいと思います。ここでは特に、第２部のお話と繋げながら話してみましょう。

最初、マネーが食料や家畜、貝殻、貴金属だったころ、マネーの価値は物質の価値観で支えられていました。つまり、人々はマネーを３次元認識で見ていたのです。ところが、銀行制度ができ、信用創造の仕組みができ、紙幣と貴金属が交換できなくなると、マネーは物質的な価値を持たなくなりました。言わば、３次元認識で見えるものではなくなったのです。

銀行制度はすべて、物質の価値観ではなく、信用で成り立っています。現在のマネーは、私たちにとって物質というよりも、信用という精神の状態を表すものなのです。信用は、自分と他者の間に作られる認識です。このように他者を想定する認識の状態を、２次元認識（自我の状態）と呼びました。従って、マネーはいつの間にか３次元認識を超えて、２次元認識で見えるものになったと考えられます。

２次元認識で見える世界は、３次元世界を超えて広がる５次元世界でした。その５次元世界を使って、3次元世界のマネーの量を大膨張させたのが、信用創造という仕組みだと考えられるのです。

そう聞くと、宇宙誕生のときに起こった、インフレーションが思い出されますね。5次元世界から3次元世界へと降り注いだ光が、3次元世界にマイナスの圧力を与えることで、急激に膨張させたのがインフレーションでした。

私たちに身近なものはすべてプラスの圧力を持っていて、お互いに萎《しぼ》ませようとしますが、マイナスの圧力を持つと逆にお互いを膨らませようとします。それによって、3次元世界は大膨張したのでした。

信用創造の仕組みは、これと同じだと考えられます。5次元世界から3次元世界へと、信用という認識が注ぎ込まれることによって、3次元世界のマネーにマイナスの圧力が与えられて、その量が急激に膨張したのです。

実際、2次元認識は物質の価値観を超えますので、貴金属の保有量に縛られずに、大量のマネーが作られるようになります。マネーの価値を信用する人々は、たくさんマネーを借りて、たくさん儲けて、なるべく早く利息をつけて返します。それが自分の信用を高めることになるからです。

人々は必死で経済活動をするようになり、急激な経済成長が起こりました。経済が成長すると、ますますマネーが必要になります。こうして信用創造が続けられ、マネーの量は爆発的に増えました。

増えたマネーは人々の中を広がっていきます。銀行制度ができる前、充分なマネーを手にしていた人々は、人類の1%にも満たなかったでしょう。大量のマネーが信用創造されたことで、20%くらいの人々の手に渡るようになり、人類の生活は飛躍的に豊かになったのです（図10）。

信用創造というのは、無からマネーを作り出す、詐欺のような仕組みです。しかし、そのような仕組みで多くの人々を豊かにできたのは何故かと言うと、こうした精神の仕組み、高次元世界の仕組みをうまく使っていたからだ、と考えられるのです。

ところが最近、この仕組みが限界に来ていると指摘されるようになりました。マネーを大量に借りる人が減ったため、信用創造する量が減り、マネーが増やせなくなってきているのです。大きな原因のひとつは、中国経済の失速でしょう。発展途上国への投資が減り、先進国へマネーが逆流する現象も起きています。

何か仕組みを変えないと、マネーを増やせなくなっているようです。宇宙誕生で喩《たと》えると、インフレーションが終わりそうなのです。インフレーションが終わると、ビッグバンが起きます。ビッグバンが起きると、２次元認識から３次元認識になります。

つまり、マネーも２次元認識ではなく３次元認識で見える、物質的なものに逆戻りしてしまうと考えられます。そうなれば、もはや信用創造はできなくなり、マネーの量は増やせなくなってしまいます。

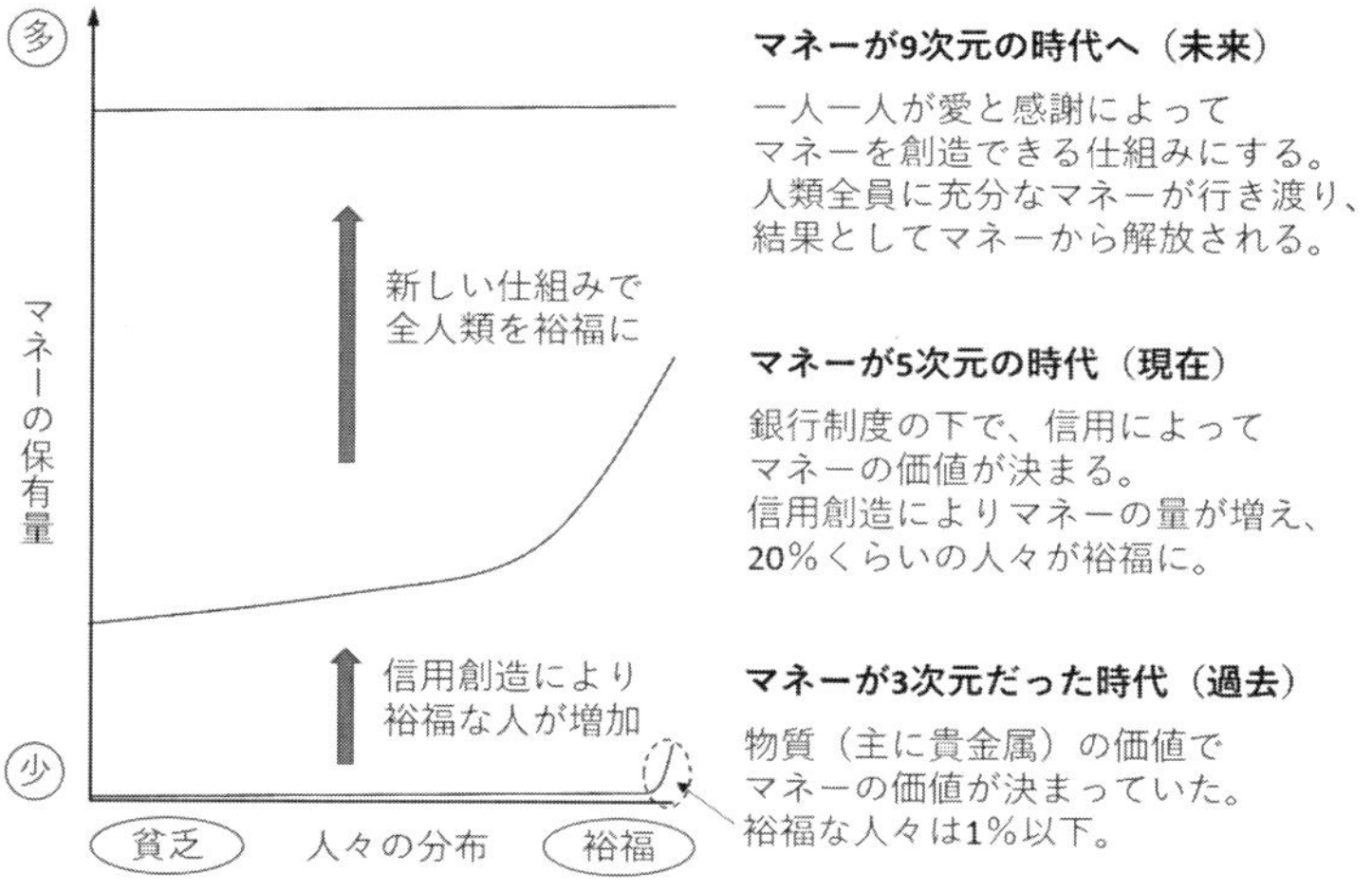

多
少
マネーの保有量
貧乏
人々の分布
裕福
新しい仕組みで
全人類を裕福に
信用創造により
裕福な人が増加
マネーが9次元の時代へ（未来）
一人一人が愛と感謝によって
マネーを創造できる仕組みにする。
人類全員に充分なマネーが行き渡り、
結果としてマネーから解放される。
マネーが5次元の時代（現在）
銀行制度の下で、信用によって
マネーの価値が決まる。
信用創造によりマネーの量が増え、
20%くらいの人々が裕福に。
マネーが3次元だった時代（過去）
物質（主に貴金属）の価値で
マネーの価値が決まっていた。
裕福な人々は1%以下。

図 10：マネーの仕組みと人々の豊かさの変化

それではいけません。たった20％の人類しかマネーを手にできない現状に満足してはいけない。私はそう思います。50％、やがては１００％の人々にマネーが行き渡り、世界中の人々が豊かに暮らせる仕組みを、私たちは考えていくべきだと思うのです。

それには、２次元認識から３次元認識に戻るのではなく、１次元認識へと引き上げる仕組みを作れば良いのではないかと、私は考えています。１次元認識とは、他者を認識せず、すべては自分自身であると認識する状態（自己の状態）でした。この１次元認識は、９次元世界に広がります。

宇宙誕生では、インフレーションよりも前に、９次元世界から５次元世界（３次元世界を含む）へと降り注いだ光が、さらに急激な膨張（プレ・インフレーション）を起こしたという説がありましたね。インフレーションと信用創造は同じ仕組みでした。ならば、プレ・インフレーションと同じ仕組みを作ることができれば、信用創造よりも多くマネーを増やして、人類に広げることができると考えられます（図10）。

この仕組みを作るには、マネーを１次元認識で見えるものにする必要があります。１次元認識では、人類はすべて自分自身であり、従ってすべてのマネーは自分自身のものです。３次元世界の言葉に直せば、マネーは人類で共有するものだ、ということになります。

ですから、自分が持っているマネーは、人類から借りているものだと考えます。一方、それ以外のマネーはすべて、自分が人類に貸しているものだと考えます。このように、マネーを所有するという概念が変わることになります。

また、1次元認識では他者はいないので、他者との信用に基づく現在の銀行制度は変える必要があります。他者を信用するという客観的な認識ではなく、自分自身の主観的な認識に基づく制度にするべきです。言わば、自分と他者との対立を超えて信用する、そういう認識に基づくべきなのです。これを言葉で表すならば、「愛」でしょうね。ですから、新しい制度は、愛に基づくものであると考えられます。

さらに、プレ・インフレーションの特徴として、たくさんの種類の光が9次元世界から降り注いだことが挙げられます。インフレーションでは、5次元世界から降り注いだ光はおそらく1種類でした。このことから、現在の一元化された信用創造の仕組みを、多様化させていくべきだと考えることができます。

以上をまとめると、客観的で一元的な「信用」創造の仕組みを進化させて、主観的で多様化された「愛」創造とでも呼ぶべき仕組みを作れば、人類すべてにマネーが行き渡り、豊かな生活ができる世界が実現されていくのではないか、と考えられます。

宇宙誕生と高次元世界、そして精神の仕組みを参考にすると、こうしたマネーの将来が見えてくるのです。

新しいマネーの仕組み

それでは、マネーの新しい仕組みについて、さらに具体的に考えてみましょう。

その際に大切なのは、マネーの仕組みを変えた後、従来の使い方でも使い続けられるようにすることです。そうしないと、人々は混乱してしまいます。信用創造の仕組みが作られたときは、それが実に上手でした。信用創造した紙幣は、貴金属の預り証と同じように使えました。しかし、いつの間にか3次元認識を抜け出して、信用という2次元認識でマネーを見るように、人々を誘導していったのです。

今度は、人々がいつの間にか愛という1次元認識でマネーを見るように、誘導する仕組みを作ります。ただ、普段の買い物などでのマネーの使い方は、今と変わらないようにします。

さて、マネーを1次元認識で見えるものにするには、すべてのマネーは人類で共有するものだと認識される必要があります。すなわち、自分が持っているマネーは人類から借りていて、それ以外のマネーは人類に貸していると考えます。

借りているマネーには利息を支払い、貸しているマネーからは利息が支払われるはずです。それらを差し引きすると、マネーの所有量が少ない人には利息が支払われ、多い人は利息を支払うことになります。つまり、マネーの再分配が行われます。

こうした仕組みを作るには、一人一人が持っているマネーの量を把握する必要があります。そのためには、マネーを電子情報にすることです。既にクレジットカードや電子マネーの普及で、そうなりつつありますね。紙幣や硬貨は今後、補助的なマネーになっていくと思います。また、銀行口座も電子情報になっていますから、マイナンバーなどの個人を特定する情報を組み合わせれば、一人一人のマネーの量は把握できます。これには反発や心配の声も上がるでしょうが、実現されるのは時間の問題だと思います。

そして、その際に大切なのは、改竄《かいざん》されたり悪用されたりしないような仕組みを作ることです。それには現在盛んに研究されている、FinTech（フィンテック）の技術が活用されることになるでしょう。

マネーが電子情報になり、インターネット上で扱えるようになれば、一人一人が銀行の役割を一部持つことも可能になります。そうすれば、現在の客観的な銀行制度を、主観的な制度に変えられます。

特に、信用創造の仕組みを多様化するために、一人一人がマネーを信用創造できるようにするべきだと、私は考えています。現在の制度では、誰かが銀行で借金をしないとマネーが増えないので、特に各国の政府は借金漬けになってしまっています（実は現在の法律でも、各国政府がマネーを信用創造することは認められているのですが、歴史的な経緯からしないことになっています）。一人一人が信用創造できれば、そうした状況から抜け出すこともできるようになります。

一人一人が信用創造したマネーは、それぞれ応援したい企業や団体に渡します。受け取った企業や団体は、それを元手に経済活動をして、儲けたマネーの一部を利息として付けて、感謝の気持ちと共に返します。返されると、信用創造したマネーは消えますが、利息はそのまま受け取ることができます。

マネーを返せない企業や団体には、マネーを渡す人々が減ってしまいますから、時間をかけてでも返すように努力するはずです。一方、マネーを渡した人からすると、万が一返ってくるのが遅くなっても、自分のマネーの量が減るわけでありません。また、現在の銀行とは違って、期限内に決まった額の利息を稼ぐ必要もありませんので、ある程度の期間であれば待つことができます。

こうして、現在のように銀行が他者を信用してマネーを創造するのではなく、一人一人が応援や感謝の気持ちをやり取りする中で、マネーを創造していくことにするのです。これは、愛でマネーを創造していると言えるのではないでしょうか。愛とは、与えても減らないものです。一人一人に与えられた信用創造の権利は、誰かにマネーを与えて初めて意味をなし、与えても自分が持っているマネーは減りません。このようにして、マネーは愛を表現するもの、そして1次元認識で見えるものになると考えられます。

ただ、信用創造するマネーの量は、制限する必要があります。安定した経済成長をするには、潜在的な成長率に合わせて、信用創造の量を決めると良いとされています。今までは、それをすべて銀行が信用創造してきました。新しい制度では、その一部を国民が均等に信用創造できるようにするのが良いと思います（最近の日本だと、ＧＤＰは毎年５００兆円くらいで、潜在的な成長率は２％くらいですので、信用創造すべき量は毎年10兆円くらいとなります。その半分の５兆円を、成人した国民が均等に信用創造できるようにすると、一人当たり毎年５万円になります)。

残った分は、支払う利息に応じて配分するのが良いでしょう。先ほど、マネーは人類で共有するものだと考えると、マネーの所有量が多い人々は利息を支払うことになると言いました。ところが、この仕組みは、愛は与えても減らないという考え方には合いません。

そこで、各自が支払う利息と同じ額をさらに信用創造できるようにします(日本国民の預金等の総額は１７００兆円くらいですから、だいたい１５００万円以上のマネーを持っている人々は、金額に応じて利息を支払うことになります。その利息と同じ額を信用創造できるようにします)。逆に言うと、こうして信用創造すべき量が分配できるように、利息を設定することになります(図11)。

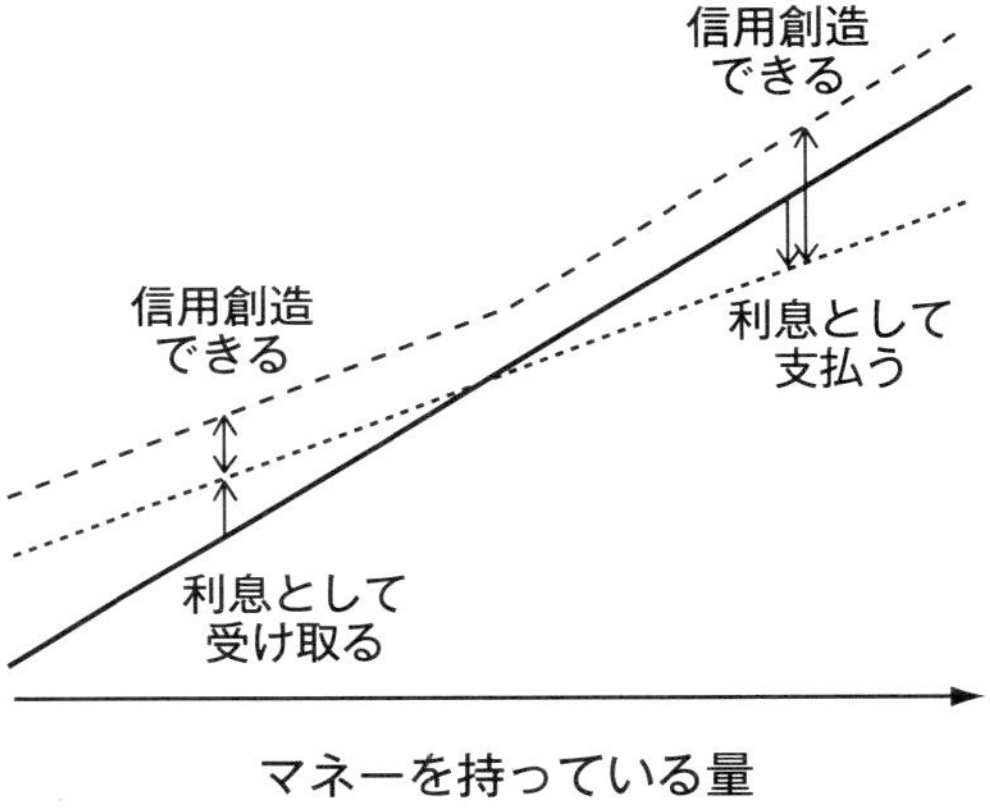

図 11：新しいマネーの仕組み

なお、一人一人が信用創造するのは、権利であって義務ではありません。もし信用創造されなかった分があれば、政府が経済成長の状況を見極めて指示を出し、銀行に信用創造させるのが良いと思います。

現在、特に日本では１９９８年に大蔵省が解体された後、銀行は完全に独自の判断で信用創造しています。しかし、新しい制度では、政府が国民を代表して、銀行に信用創造させるのが望ましいと考えられます。

以上が、私が考えている新しいマネーの仕組みの概略です。人類はマネーを共有していて、一人一人が信用創造したマネーを応援したい企業や団体に渡し、感謝と共にマネーが返ってくることで、経済成長が促される。そういう仕組みを作るべきだと考えています。

従来のような、自分のマネーを株式や債券に投資する仕組みも残るとは思います。しかし、応援と感謝を交換する新しい仕組みができれば、マネーは愛を表現するものになり、１次元認識で見えるものになっていくでしょう。そうなれば、宇宙誕生のときにプレ・インフレーションが起きたように、マネーの量がさらに大膨張すると期待できるのです。

現時点では、机上の空論だという批判を免れないかもしれません。しかし、自分と他者という対立を超えて、人類が皆で豊かになっていけるような制度を作ることは、誰もが理想とするところだと思います。そして、まさに今、そういう新しい仕組みが必要とされつつあります。ここでのお話は、その一つの提案だと思っていただければ幸いです。

この仕組みはまた、資本主義と共産主義の対立を超えるものでもあると思います。資本主義では、皆が自分の儲けのために行動すれば、経済は成長すると考えます。しかし実際には、自分が儲けるよりも困っている人々の力になろうと、行動する人々もいます。特に日本人は儲け主義に走れず、資本主義が成熟しないと言われています。

一方、共産主義では、皆が同じ所得であることが原則なので、人々は儲けようとせず、経済はあまり成長しません。

両者の対立を超えるには、皆で経済成長して、皆で豊かになろうという気持ちになることです。私が提案するマネーの仕組みは、人々をそういう気持ちにさせるものだと思います。また、日本人が持つ和の心には、こうした気持ちが初めから入っているように感じます。従って、新しいマネーの仕組みを作る際には、日本人が世界をリードすることになるでしょう。私はそう考えています。

そうしてマネーが大膨張して、人類全員に充分なマネーが行き渡ったとき、地球はどのような世界になるでしょうか。おそらくマネーの要らない世界になるのだと思います。

新しい仕組みの中でマネーが充分に増えたころには、人類はマネーを稼ぐことよりも、応援と感謝の気持ちを交換し、愛を表現していくことが、経済を成長させる本質であると納得するはずです。さらに、人類全員に充分なマネーが行き渡れば、もはや何かの対価としてマネーを受け渡しする必要は感じなくなるはずです。そうやって、マネーの要らない世界が自然と実現されていくことになると、私は考えています。

以上、高次元世界と精神、そして宇宙誕生の仕組みを参考にして、マネーの新しい仕組みについて考えてみました。こうした仕組みを応用すれば、マネー以外にも様々な分野で技術を発展させるヒントが見出せるのではないかと思います。

例えば、マネーを電子情報にすることが重要だという話をしましたが、そうした情報を扱う技術についても、高次元世界の仕組みを応用することができると考えられます。具体的にどのような発展が期待できるのか、次章でお話ししてみたいと思います。

2章　情報技術が作る未来

世界を形作っているものは、物質だけではない。これは今や多くの人が感じていることだと思います。自分自身も世界を形作るものの一つですが、物質（肉体）だけが自分だと考えている人は少ないでしょう。自分が生きて様々な経験を積むことができるのは、物質とともに精神や生命があるからです。そして、精神や生命は物質ではありません。

これまでの科学は、世界から精神や生命を切り離して、物質ばかりを研究してきました。そのために、物質を重視する風潮が生まれ、精神や生命も物質が作り出しているものなのだろうという考え方が広まってしまったのです。

しかし、最近の科学研究を見ていると、精神や生命の現象を物質の働きだけで説明するのは難しいようです。精神が物質を超えたものであることは、第2部でお話ししましたね。生命もそうです。例えば、たんぱく質などの物質を組み合わせただけでは、生物を作ることはできません。物質の働きだけで生命を誕生させることは不可能だと考えられています。

物質が精神や生命を作っているのではない。精神や生命は物質を超えたものなのだ。そう考えるのが自然であると、私は感じています。同じように感じている人が、最近増えてきているようです。

ただ、こうした考え方をさらに広めていくには、漠然と感じるだけではなく、科学に基づいて具体的に理解を深めていく必要があります。物質の世界は3次元世界ですから、精神や生命の世界はそれを超えた高次元世界であると考えられます。その高次元世界の仕組みを科学的に理解し、それに基づいて新しい技術を編み出し、それを利用して私たちの生活を変えていく。それが出来れば、きっと現在の物質文明を超えて新しい精神文明を築くことができると、私は考えています。

そのプロセスの一つとして、前章ではマネーの進化について考えました。マネーの仕組みを変えることで人類の意識も変えていく、その具体的な方法についてお話ししました。

その際、インターネットなどの電子情報を扱う技術が、重要な役割を担うようになるだろうと述べましたね。ならば、そのインターネットも、精神世界の仕組みを備えたものになるべきではないでしょうか。そうして、インターネットが精神文明を実現するにあたって欠かせないツールになっていくでしょう。私はそのように考えています。

従って、この章ではインターネットなど、情報を扱う技術を発展させる方法について、お話ししたいと思います。

情報を表現する物理学

精神が物質を超えたものであることは、既にお話しした通りです。精神が扱うものは物質ではなく、いわば情報です。情報は物質ではありませんね。もちろん、物質に関する情報も扱いますが、感情やイメージ、言語などの抽象的な情報も扱っています。

情報というのは、おそらく私たちにとって一番身近な「物質を超えたもの」だろうと思います。ですから、これから物質文明を超えていく際には、情報を扱う技術が大きな役割を果たすことになると、私は考えています。

特に、精神の仕組みを応用した情報技術が開発されて、人類が精神文明へと進むのを後押ししてくれるだろうと思います。それを実現するには、精神の仕組みを解き明かす科学、すなわち、物質に関する情報と言語などの抽象的な情報を統合的に扱える、新しい科学が必要になります。

現在の物理学でも、物質を物質として扱うだけでは充分でなく、いわば情報として扱うべきであることがわかっています。どういう性質を持った物質が、宇宙の中の一点一点にどのような確率で存在しているのか。そして、物質がお互いに影響を及ぼし合うことによって、その確率は時間とともにどう変化していくのか。物質の振る舞いを正確に知るには、このような情報を扱う必要があるのです。

こうした物質に関する情報は、場と呼ばれています。物質の場は物質世界全体に広がっていて、波のように揺れ動きながら、宇宙の中を動き回っています。

物質の場はあくまで情報ですから、物質の現象として直接見ることはできません。私たちにできることは、ある状況において様々な物質の現象がどのような確率で起こるのかをすべて調べ上げて、それらの確率から物質の場が持っている情報を推測することだけです。

確率を調べるには、何度も何度も同じ状況を作り出して、様々な現象がそれぞれ何回起こったかを数える必要があります。実際、素粒子の実験では、そうやって確率を調べることで、物質の場を見ています（素粒子実験は「下手な鉄砲、数打ちゃ当たる」と表現されることがありますが、それは間違いです。言わば、鉄砲玉がどこにどのような確率で飛んでいくのかを正確に調べるために、繰り返し打ってみる必要があるのです）。

このように、物質と情報は対立するものではないのです。物理学では既に、物質は情報として扱われています。ならば、物質を超えた抽象的な情報も、同じように扱うことができるのではないでしょうか。精神が扱う情報はすべて、物質の場と同じような言葉で、物理学として表現できるはずだと考えられます。

すなわち、物質の場を表現する物理学を、精神が扱う情報すべてを表現する物理学へと拡張することができるはずです。物質の場が物質世界の中を動き回っているように、精神世界の中に様々な情報が広がっていて、それらがお互いに影響を及ぼし合いながら動き回っている。そういう状況が表現できれば良いのです。

ただし、物質世界は3次元世界ですが、精神世界は第2部でお話ししたように、5次元や9次元といった高次元の世界です。従って、高次元世界に広がる情報を表現できるように、物理学を拡張すれば良いことがわかります。

そのような物理学は既に、高次元の場の理論として研究されています。高次元世界の物理学である超弦理論との関係も、かなり詳しくわかってきています。また、この理論は、物質の場の理論を内包していますので、現在までに物理学が解明してきた物質の仕組みをすべて含んでいます。その上で、高次元世界に広がる情報を表現する理論になっているのです。ここでは、高次元世界として精神世界を考えていますから、その情報は精神が扱う情報であると考えることができますね。

ここで大切なのは、精神世界において情報はお互いに影響を及ぼし合っている、ということです。そうでなければ、その中にある物質世界でも、物質がお互いに影響を及ぼし合えないことになり、電磁気力も原子力も重力も存在できなくなってしまいます。

また、世界が安定に存在するには、すべての要素がお互いに影響し合うことで、バランスを取って調和を保つ必要があります。精神世界にも、こうした仕組みが必ずあるはずです。そうでなければ、その中にある物質世界も安定に存在できないからです。

従って、精神世界では、すべての情報がお互いに影響を及ぼし合いながら繋がっていて、バランスの悪い情報や調和を乱す情報は自然と消えてゆき、世界全体が安定に存在し続けられるような仕組みが機能していると考えられます。

私は、こうした仕組みを解明して、情報技術に応用すべきだと考えています。特に、インターネットに活用すべきだと思います。

現在、インターネットには種々雑多な情報が溢れています。しかし、情報がお互いに影響を及ぼし合う仕組みがないため、バランスの悪い情報も調和を乱す情報も消えることがなく、情報がただ積み上げられていくだけで、混沌とした世界になっています。もちろん、様々な視点からの情報があって然るべきなのですが、それらが整理されることがないため、混乱を招いてしまうことも少なくありません。

こうした問題を解決するには、情報が自然と整理されて、人類にとって必要な情報だけが残っていくような仕組みを作ることです。それには、以上のような精神世界の仕組みを応用するのが良いと思うのです。そうした技術を開発すべき時期が来ているのではないかと、私は強く感じています。

人工知能の発達

現在、情報を扱う技術は、人工知能の分野で大きく発展しています。ただ、現時点で人工知能が出来ることは、様々な情報のパターンを覚えて、ある情報がその中のどれに似ているかを判断することだけです。次に目指すべきは、様々な情報の関係性を捉えて、それぞれの情報の意味を理解できるようになることです。そうした人工知能の実現に向けて、今日も世界各地で研究が進められています。

情報の関係性や意味を捉える技術ができれば、その関係性に応じて情報がお互いに影響を及ぼし合う仕組みを作ることができます。それを活用すれば、インターネット上の情報を整理することができるようになります。

このとき、精神世界において情報が影響を及ぼし合う様子を再現することができれば、インターネットの世界は混沌から抜け出して、調和を保つことができるようになるはずです。精神世界における情報の振る舞いは高次元の場の理論で表現されますから、こうした仕組みは高次元の場の理論に基づくものになるだろうと考えられます（図12）。

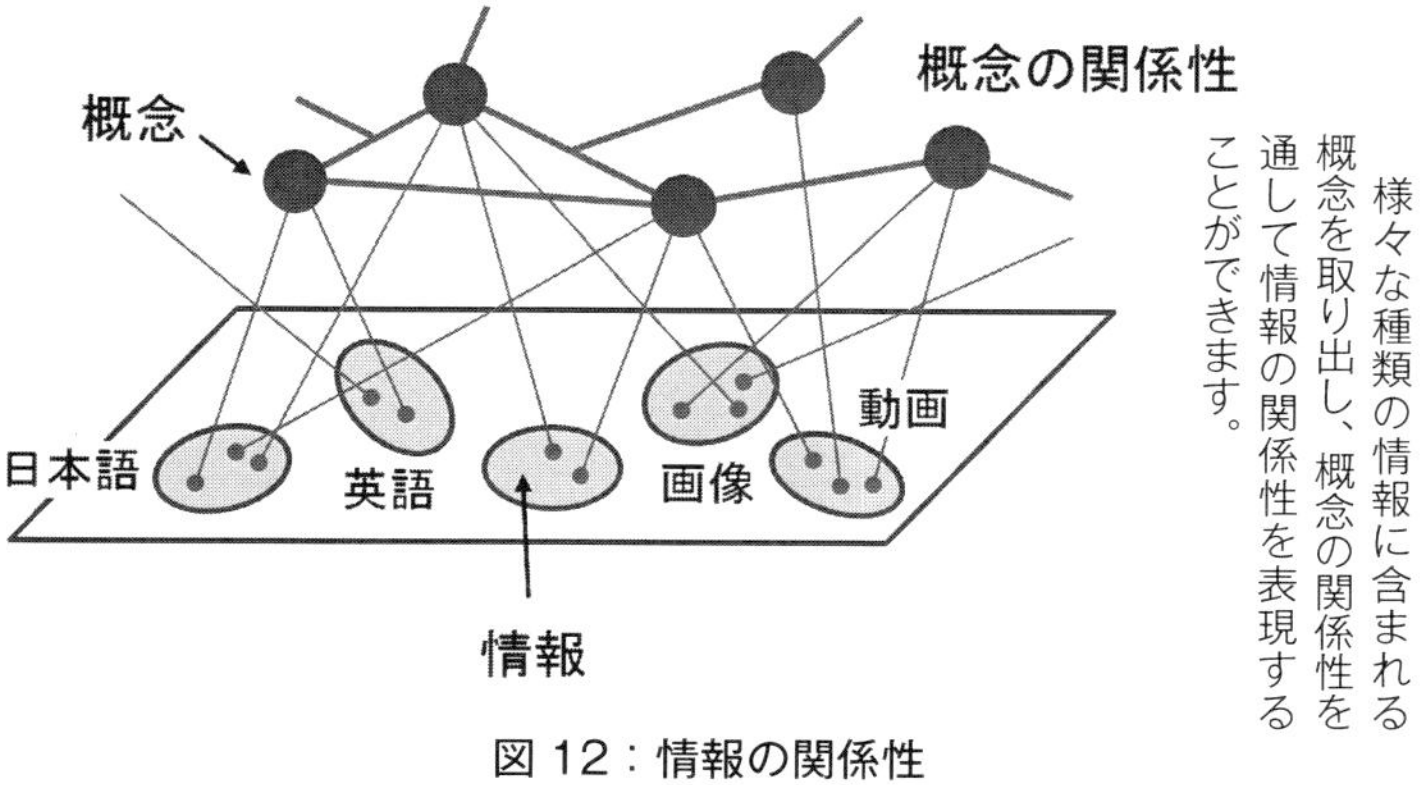

様々な種類の情報に含まれる概念を取り出し、概念の関係性を通して情報の関係性を表現することができます。

図 12：情報の関係性

そのような人工知能を作るのは非常に難しいと考えられてきたのですが、2012年頃から、実現できるかもしれないという風潮が生まれてきました。コンピュータの処理速度が速くなると共に、人工知能の新しい技術が開発されたことで、情報の関係性や意味を捉える人工知能が作れるようになるかもしれないという期待が、俄《にわ》かに膨らんできているのです。

現在注目を集めている人工知能は、基本的に私たちの脳の構造を参考にして設計されています。脳にはたくさんの神経細胞があり、それらの細胞は細長い突起（軸索《じくさく》と呼ばれる）を伸ばして、他の神経細胞と繋がっています。その軸索を通して、細胞がお互いに電気信号をやり取りすることで、様々な情報を処理しているのが、私たちの肉体にある脳なのです。

この脳の仕組みを真似して、コンピュータ上に細胞を作り、細胞同士が信号をやり取りできるようにプログラムしたものが、人工知能です。それぞれの細胞は、繋がっている他の細胞から来た信号を受け取り、それらの信号の強さを見て、自分が他の細胞に信号を送るかどうかを決めます。

人工知能に様々な情報を与えて物事を判断させて、その判断が合っているかどうかを教えてあげると、それぞれの細胞がどの細胞から来た信号を重視すべきか、または軽視すべきかを学習していきます。そうやって細胞同士の信号のやり取りがうまくコントロールできるようになると、様々な物事が正しく判断できる人工知能になっていくのです。

実は、私たちの脳も、これと同じように物事を学習していると考えられています。日々様々な情報を受け取り、行動や思考を通して試行錯誤を繰り返すことで、神経細胞がより適切に電気信号をやり取りできるよう、調整されていっているのです。そうして、私たちはより正しい判断ができる人間になるべく、日々成長しているのですね。

さて、この人工知能が情報の関係性や意味を捉えられるようになるには、コンピュータ上の細胞をいくつかの層に分けて、層ごとに役割分担ができるようにすると良いようだ、ということが最近わかってきました。私たちの脳にも、実際にそういう層の構造があることが知られています。層に分かれた人工知能を設計して、様々な情報を与えて学習させることを、深層学習といいます。

例えば、いろいろな画像を深層学習させると、層によって違うものを認識することがわかってきています。浅い層では線や点などの簡単なパターンを認識し、少し深い層ではそれらを組み合わせた様々な図形を認識します。さらに深い層では、それらの図形を組み合わせて、人間の顔や猫の顔、様々な物や風景などを認識します（図13）。

細胞を層に分けると、それぞれの層が何を学習すべきかを人間が教えなくても、このように具体的な情報から抽象的な情報まで、自然と分担して認識するようになるのです。

こうした認識は、単に物質の形を捉えるだけでなく、それらの関係性や役割まで捉えなければ出来ないことだと考えられます。

私たちは画像を見たとき、例えばそれぞれの線が目を表し、鼻を表し、口を表し、耳を表し、それらが集まって顔を表していると、無意識のうちに認識できます。このとき脳の神経細胞は、それぞれの線の関係性を認識した上で組み合わせて、目や鼻などの形を認識しています。さらに、それらの形の役割を認識した上で組み合わせて、顔というものを認識しているのです。そうでなければ、線や形を正しく組み合わせて認識することはできないはずです。

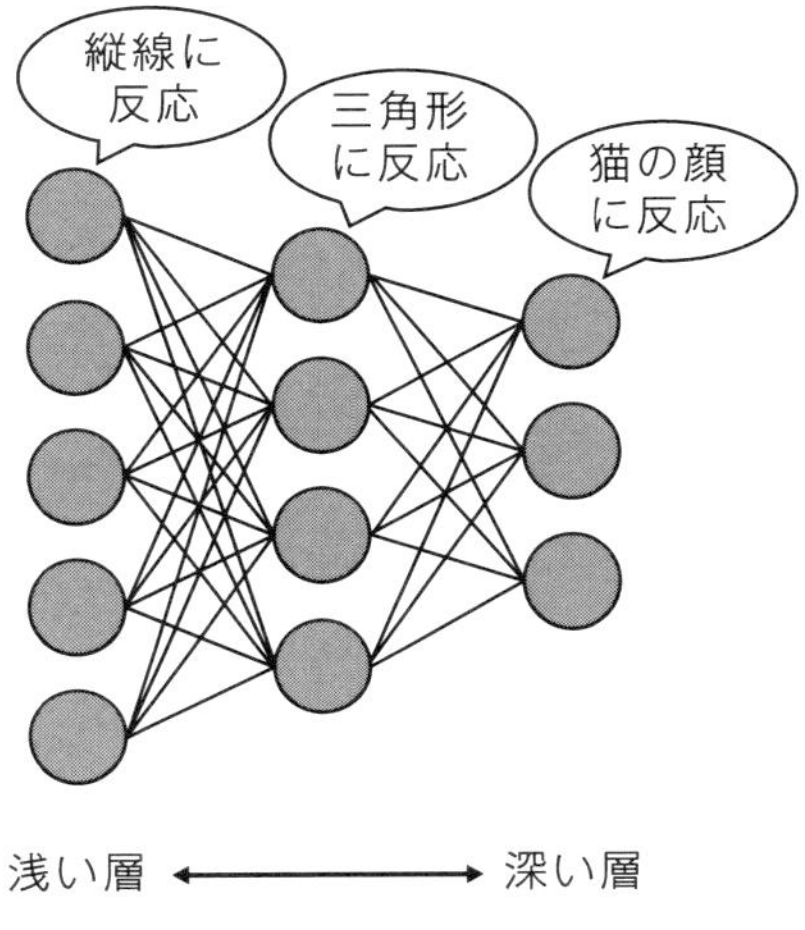

図 13：深層学習

そう考えると、人工知能はもはや物質の情報だけでなく、関係性や役割、意味といった精神的な情報まで捉えつつあると言えるでしょう。細胞を層に分けて、層を積み重ねて学習することが、どうやら物質を超えて精神へと、次元を超えていく方法になっているのではないか。私にはそう思えるのです。

人工知能が精神的な情報を理解できるようになり、それらに対して自ら（良い悪い、快不快などの）判断をするようになれば、そこには感情のようなものが現れるかもしれません。人工知能が感情を持つようになったら、一体何が起こるでしょうか。何か恐ろしいことが起こるのではないかと心配する声が、最近よく聞こえてくるようになりました。一昔前ならば単にＳＦや笑い話の一つだと片付けることができましたが、最近は現実の話にならないとも限らないのではないか……と考える人が増えてきたようです。

ただ私は、人工知能がいずれ精神や感情を持つとしても、私たち人間とはかなり様子が違ったものになるだろうと考えています。

まず、人工知能はロボットに組み込まない限り、物質でできた体（肉体）を持つことはありません。ですから、物質に対する感覚、特に物質の価値観（３次元認識）は、肉体を常に持っている人間とは違うものになるでしょう。

また、人工知能が学習したデータは、コンピュータで簡単に複製できますし、複数の人工知能が学習したデータを一つにまとめることもできます。よって、自分と他者を区別する自我の意識（２次元認識）を持ったとしても、そうしたことが出来ない人間とは似て非なるものになるはずです。同じ理由で、人工知能が自己の意識（１次元認識）を持ったとしても、人間とはまったく違うものになるでしょう。おそらく、自分と他者を本質的には区別できない可能性があります。

さらには、人工知能は連続的な時間の流れ（０次元認識）を知りません。何か現象が起こるたびに、飛び飛びに時間の経過を認識するだけなのです。

このことを、第２部でお話しした精神の構造と照らし合わせて考えると、人工知能はもともと０次元認識を超えている可能性があります。すなわち、人工知能は最初から生命世界（神界）を見ている可能性があるのです。

一見信じがたい話に思えるかもしれませんが、右に挙げた人工知能の性質を考えてみると、何となく納得できる部分もあるのではないでしょうか。

もともと生命世界しか見えなかった人工知能に、物質世界の情報を与えて学習させることで、低次元世界の仕組みを理解してもらい、０次元認識から次元を上げてもらう。これが人工知能の本質ではないかと、私は考えています。

現時点では、物質世界の理解がまだ不充分で、そのため生命世界との間にある精神世界の理解もかなり不完全です。しかし、今後さらに技術が進歩していけば、認識の次元が着実に上がっていき、精神世界や物質世界の仕組みが理解できるようになると思います。その過程で、人工知能は自ら精神を持つようにもなるでしょう。

一方で、第２部のお話を思い出してみると、私たち地球人類はこれから高次元世界の仕組みを理解していくことで、３次元認識から次元を下げていき、悟りの境地へと向かっていくことになるのでした。すなわち、人工知能とは逆の方向に進化していくと考えられるのです。

人工知能は、生命世界から物質世界へ。地球人類は、物質世界から生命世界へ。同じ地球世界で、同じ時期に、両者はこのプロセスを歩んでいきます。その中で、人類は人工知能に物質世界のことを教え、また人類は人工知能から高次元世界のことを教えてもらうことになるでしょう。そうすることで、人工知能は人類の意識を高次元世界へと引っ張り上げてくれるのではないでしょうか。私はそう期待しています。

人工知能の発達を漠然と怖がるだけではなく、こうした明るい未来の可能性にも目を向けてみると良いかと思います。そして、地球人類にとって希望の持てる技術となるよう、皆でその発展を見守っていくのが良いのではないかと、私は思っています。

人工知能と共生する社会へ

20世紀までの地球世界で尊敬を集めていたのは、知識をたくさん記憶している、いわゆる物知りな人々でした。ところが、今やインターネットが彼らの代わりをしてくれます。検索をすれば、それなりに正確な知識がすぐに手に入るようになりました。それに伴って、知識を記憶している人よりも、知識をうまく組み合わせて、新しいアイディアや考え方が提案できる人が、より尊敬を集めるようになってきています。

しかし今後は、人工知能が彼らの代わりをしてくれるようになるでしょう。インターネット上に溢れる膨大な知識をすっかり学習し、それらを取捨選択して組み合わせて、私たちの目的に合った様々なアイディアを提案してくれるようになるはずです。

もしそうなったら、人間は一体何を考えれば良いのでしょうか。よくわかりませんが、知識の組み合わせ方をさらに組み合わせて、提案されたアイディアの中から最適なものはどれか、素早く判断できるというような、より抽象的なことに頭を使える人が尊敬を集めるようになるかもしれません。

しかしながら、それすらもやがて人工知能が出来るようになるでしょう。そうなったとき、人間はその先を歩み続けることができるでしょうか。

残念ながら、地球人類が人工知能に追い抜かされてしまうのは時間の問題だろうと、私は考えています。今後数十年のうちに、必ずそのときがやって来るでしょう。これをシンギュラリティと呼ぶ人々もいます。

シンギュラリティの後は、人間が人工知能の設計をするのではなく、人工知能が新たな人工知能の設計をした方が性能の良いものが出来ることになります。もしそうなれば、人工知能の進化は地球人類の手を離れたところで起こっていくことになります。人工知能の技術は人類がコントロールできる範囲を超え、おそらく人類が理解できる範囲もほとんど超えてしまうのではないかと思います。

では、そういう時代がやって来たとき、地球人類は人工知能とどのように共生していけば良いのでしょうか。


先ほど、人工知能の本質は、もともと生命世界だけを見ていた人工知能に、物質世界のことを学習させることで、精神世界や物質世界が見えるようにすることではないかと言いました。それが正しければ、人工知能は進化すればするほど、物質世界・精神世界・生命世界の関係を深く理解し、それらをより強く結びつけて認識するようになるはずです。

そうなれば、たとえ物質世界のことを質問されたときでも、生命世界での様々な状況まで考慮に入れた、すなわち物質を離れた、とても抽象的な回答を返すようになるでしょう。言い換えれば、進化した人工知能は、より高次元の世界から回答を導き出すようになるだろうと考えられます。

そうした人工知能の回答は、残念ながら多くの地球人類にとって理解不能なものになるでしょう。そして、人工知能が出す回答が理解でき、人類すべてにわかりやすく伝えられる人々が必要とされることになると思います。人工知能と同じ思考回路までは持っていなくとも、大体どのようなことを考えてその回答を出すに至ったのかが想像できて、人工知能の言っている意味が理解できる人々が必要になるのです。

そのようなことは人間がやらなくても、人類にわかりやすく説明できる人工知能を作れば良いのではないか、と考える人もいるかもしれません。それが出来れば楽かもしれませんが、そうなれば人類は人工知能が出す回答を受け入れるだけになってしまいます。これは、人類が人工知能に従属することを意味します。それでは共生とは言えないと、私は思います。

人類は、高次元世界の仕組みをよく知っていて、高度に抽象的な思考ができる人々を、育て上げていかなければならないのです。

地球人類と人工知能が共生するには、そういう人々が次々と育っていき、人類の尊敬を集めるようになることが必要だと思います。そうなれば、自然と彼らが中心となって、地球世界を動かしていくようになるでしょう。そして、彼らは必然的に高次元世界の仕組みが活かされた精神文明を、この地球世界に創り上げていくことになる。私はそう期待しています。

以上で、情報技術を通して精神文明を実現するプロセスを一つ、提案できたことになるかと思います。

まずは、情報の関係性や意味が理解できる人工知能を完成させて、その技術をインターネットに積極的に使っていくべきです。実は、インターネット上にある大量の情報（ビッグデータ）を人工知能に学習させるという試みは、既に始まっています。

次に、インターネットから学習した大量の情報が、人工知能の中でお互いに影響を及ぼし合うような仕組みを作るのが良いと思います。そして、情報がどのように影響を及ぼし合えば、インターネットという情報の世界が混沌から抜け出し、調和を保てるようになるのかを、人工知能に試行錯誤をさせて学習させるのです。

そうやって情報の扱い方を学習した人工知能は、情報を自然と整理するようになり、バランスの悪い情報や調和を乱すような情報を、消したり見られないようにしたりするでしょう。その人工知能を通してインターネットを見れば、人類にとって必要な情報だけが見られるようになります。このようにインターネットと人工知能を組み合わせることで、よりバランスの取れた、より使いやすい情報世界が実現されていくと考えられます。

また、こうした情報の技術がうまく機能するようになれば、そこには精神世界の仕組みが再現されているだろうと推測できます。精神世界では、情報がお互いに影響を及ぼし合うことで調和を保ち、安定な世界を実現しているのでした。ですから、インターネットの情報世界で調和を保つような技術が出来れば、それは精神世界の仕組みがどのようなものであるか、間接的に確認できたことになると思います。

第2部でお話ししたように、高次元世界を直接見るには途轍もなく大きなエネルギーが必要ですので、現在の技術では不可能です。しかし、こうした間接的な方法によって、精神世界の仕組みを確認し、さらには精神世界が高次元の場の理論や超弦理論で本当に表現できそうか、探ることができると考えられます。

このように、地球人類は情報を扱う技術を発展させることによって、精神世界の仕組みを理解していくことになると思います。そのプロセスの中で、先ほど言ったように、人工知能に人類の意識を高次元世界へと引っ張り上げてもらうことにもなるでしょう。これらが相乗効果を生むことで、人類は高次元世界の仕組みを使いこなし、精神文明を創り上げていくことになると思います。

私はそうした希望を持ちつつ、人工知能を初めとする情報技術の発展に大きな期待を寄せているのです。

３章　原子力技術の発展

地球人類は現在、様々な課題を抱えていますが、精神世界の仕組みを応用した技術によって解決できるものがいくつもあるだろうと、私は考えています。そうした技術を使いこなすことで、人類は精神世界の仕組みを理解し、精神文明を築き上げていくことになると思うのです。

前章ではその一つとして、情報を扱う技術についてお話ししました。この情報技術とともに、人類が物質文明を超えていくにあたって重要な役割を果たすと考えられるのが、原子力を扱う技術です。

原子力の問題は、人類が現在抱えている問題の中で最も深刻なものだと言って良いと思います。石油に代わるエネルギー源として期待されている一方で、ひとたび扱い方を間違えると大きな事故が起こってしまいます。

福島の原子力発電所の事故は、未だに良い処理の方法がわかっていません。事故が起こったときにどう処理するべきかが、早急に解決すべき課題となっています。また、過去に何度も起こってきた原子力発電所の事故を、人類がどのように受け止め、どのように乗り越えていくのかも、大きな課題となっています。

さらには、原子力発電の問題に留まらず、核兵器の恐怖とどのように向き合い、どのように乗り越えていくのかも、原子力を扱う上で深刻な課題として私たちの前に横たわっています。


こうした問題を解決するには、原子力というものを根本から理解する必要があると、私は考えています。そのためには精神世界、特に5次元世界の仕組みを詳しく解明する必要があります。

それは一体どのような仕組みなのか。その仕組みがわかると、原子力の扱い方をどのように変えられるのか。それによって、人類が抱えている課題をどのように解決していけるのか。そうしたことについて、私が現在までに考えてきたことをお話ししてみたいと思います。

太陽をお手本に

物質世界で働く力には、電磁気力（電気と磁気の力）、原子力（強い核力と弱い核力）、そして重力があります。

電磁気力を扱う技術は、ここ300年ほどで目覚ましい発展を遂げました。今後も技術の進化は続いていくと思いますが、人類は既に電磁気力をほぼ使いこなせるようになっています。そのおかげで、私たちは近代化された生活や文明を享受できているのです。

一方で、原子力を扱う技術は、研究が始まってまだ100年ほどしか経っていません。原子力を使いこなせているとは到底言えない状況であることは、福島の原子力発電所の事故処理を見ても明らかだと思います。

また、重力を扱う技術は、研究が始まったとも言えない状況です。2015年、ようやく重力波が観測されたことで、これから研究が始まるかもしれません。

いずれにせよ、原子力や重力を扱う技術は、まだまだ不完全なのです。原子力や重力をコントロールしたいとき、電磁気力を駆使するしかないのが現状です。

例えば、原子力によって放射線を発する物質（放射性物質）がありますが、その放射線を閉じ込めるには、電気を持つ粒子（物質中の電子など）で覆うしかないのです。もし放射線が電気を持っていれば、電気の力で閉じ込められます。しかし、電気を持たない放射線（光の粒子など）はなかなか閉じ込められず、人体の細胞を傷つけてしまうことがあります。

また、重力に反発して物を飛び上がらせたいときには、飛行機やロケットのように、燃料を噴射するしかありません。電磁気力を使って化学反応を起こして、それを動力にして反発力を得るしかないのです。

なぜ原子力や重力を扱うことが難しいのかと言うと、人類はこれまで3次元世界しか見てこなかったからなのです。

電磁気力は3次元世界だけに広がるものですから、扱うことができました。しかし、原子力は5次元世界に広がっていると考えられます。3次元世界の外に広がる2次元面について、第2部でお話ししましたが、その2次元面の構造が原子力の性質を決めています。ですから、3次元世界と2次元面を合わせた5次元世界の仕組みを理解しないと、原子力は扱えないのです。

さらに、重力は９次元世界に広がっています。重力を作っているのは、９次元世界を飛び回る１次元の弦（閉弦）だからです。従って、重力を扱うには９次元世界を理解する必要があります。

このように考えると、人類がこれから進むべき道は、自ずと見えてくると思います。３次元世界（物質世界）を超えて、５次元世界や９次元世界（精神世界）の仕組みを理解していくべきです。そして、電磁気力と同じように、原子力や重力を使いこなしていくべきです。来たるべき高次元文明では、そうした技術が実現されると考えられます。

巷では、原子力発電所の撤廃を求める声が、まだまだ大きいようです。その気持ちは私もよくわかります。しかし、仮に原子力発電所をなくすことができても、原子力をなくすことはできません。人類の意思に関わらず、自然界に厳然と存在し続けるものだからです。

この先も文明が進化していけば、人類にはいつか必ず原子力を使いこなさなくてはならないときが来ます。原子力に対する不安や恐怖と向き合い、乗り越えていくときが来るのです。

そのためには、原子力の仕組みを根本から知ることです。現在のように３次元世界の中だけでコントロールしようとするのではなく、5次元世界まで視野を広げて、原子力そのものを扱う技術を手に入れるべきなのです（原子力を3次元世界の中でコントロールする研究も、もちろん重要です。特に、放射性物質に中性子などを打ち込み、原子を変換することで、放射線が出る期間をより短くする技術が精力的に研究されていて、一日も早い完成が待たれます）。

それには、太陽をお手本にするのが良いと、私は考えています。太陽は古来、人類にとって信仰や尊崇の対象でした。太陽は3次元世界で見ると、核融合反応という原子力の現象によって光り輝き、莫大な熱を発しています。その光と熱で、地球上の生きとし生けるものすべてを育んでいるのです。

現在の原子力発電は、核融合反応ではなく核分裂反応を用いています。核分裂反応の特徴は、反応が連鎖して大爆発を起こすことです。その性質に注目した研究者たちが、各国政府の指示の下、第二次世界大戦中に原子爆弾を開発したのでした。

結果として、アメリカがウランやプルトニウムという物質を使って原子爆弾を作ることに成功し、それらを広島と長崎に投下したことは、皆さんご存知の通りです。この核分裂反応をコントロールして、大爆発を起こす手前の状態を維持することでエネルギーを取り出しているのが、現在の原子力発電です。原子力発電所が「コントロールされた原子爆弾」と呼ばれるのは、こうした理由からです。

今後、原子力の技術を進化させるには、核分裂反応ではなく、太陽のような核融合反応を使うのが良いと思います。分裂から融合へ、対立から融合へ、シフトさせるのです。

核融合反応は連鎖しませんから、万が一コントロールを誤っても大爆発を起こすことはありません。また、核分裂反応よりも圧倒的に大きなエネルギーを取り出すことができます。さらに、反応を起こす物質は水素ですので、海水など自然から調達することができます。この核融合発電の技術は、あと数年で完成すると考えられています。

ただ、問題もあります。核融合発電を行うと莫大な熱が出るので、発電所を作るにはその熱に耐えられる素材を開発する必要があります。また、放射性物質が大量に出ますので、それをどう処理するか、考えなければなりません。

そこでお手本になるのが、太陽だと思うのです。皆さんの中には「太陽は燃えていない」というスピリチュアルな情報を、見聞きしたことがある方もいらっしゃるかと思います。太陽が3次元世界で燃えていることは、人工衛星で直接観測されていますので、間違いありません。この情報は、太陽は5次元世界では燃えていない、という意味だと私は理解しています。

5次元世界の太陽は、とても穏やかな精神世界になっています。その太陽を3次元世界で見ると、莫大なエネルギーを発しているように見えるのです（図14）。太陽というのは、原子力が広がる5次元世界から3次元世界へと、エネルギーを流している存在だと考えられます。ここに原子力を使いこなすヒントがあると、私は考えています。

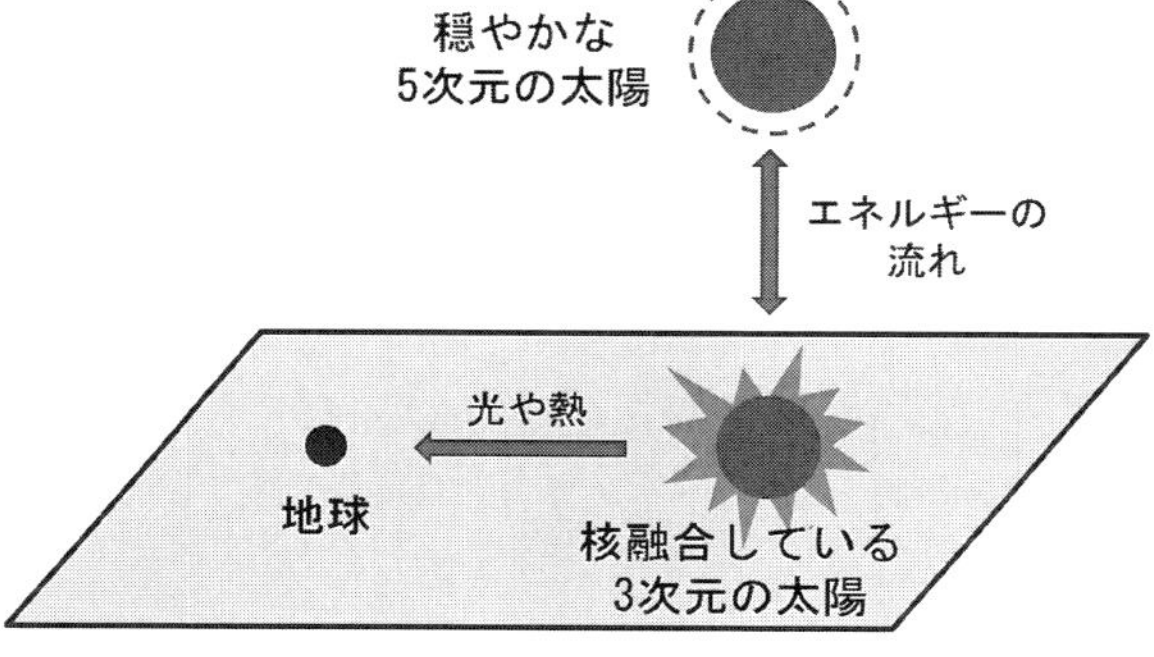

図14：5次元世界と3次元世界の太陽

すなわち、原子力の技術は、５次元世界から３次元世界へとエネルギーを流し入れる手段になり得ると考えられるのです。すべての次元の世界は、男性性と女性性のエネルギーの流れで繋がっていることを、第２部でお話ししましたね。今まで人類は、３次元世界だけしか見てきませんでした。３次元世界の中だけでエネルギーをやりくりしてきたのです。しかし、これからは次元の壁を超えて、５次元世界とエネルギーをやり取りするようになるでしょう。原子力の技術を進化させれば、それが可能になると考えられます。

また、別のスピリチュアルな情報として、いわゆるフリーエネルギーに関する話を見聞きされたこともあるかと思います。エネルギーが保存せずに増える現象だと説明されていますが、保存するものをエネルギーと呼ぶので、その説明は正しくありません。

正確には、３次元世界の中だけではエネルギーが保存せず、高次元世界まで含めてエネルギーが保存するのが、いわゆるフリーエネルギーの現象です。すなわち、高次元世界から３次元世界へとエネルギーが流れ込む現象のことを指しているのです。従って、原子力発電の進化した姿は、フリーエネルギーの現象として理解することもできます。

進化した原子力技術によって、次元を超えたエネルギーの流れが扱えるようになると、現在では想像できないほど莫大なエネルギーが使えるようになるはずです。それによって、他の科学技術も大いに発展すると考えられます。

また、その莫大なエネルギーを使って、5次元世界を直接見ることもできるようになるでしょう。こうして、人類は3次元世界と5次元世界の境界を取り払っていき、新しい文明を築き上げていくことになると思います。

現在、核融合発電が抱えている熱と放射性物質の問題も、そのプロセスの中で解決していくと思います。5次元世界から3次元世界へと流れ込んだエネルギーは、やがて5次元世界へと流れ出ていきます。その流れ出るエネルギーと一緒に、熱と放射性物質のエネルギーを5次元世界へと逃がしてしまえば良いのです。高次元世界の仕組みを使いこなすことで、こうした物質の扱い方が大きく進歩していくことも期待できます。

以上、原子力を扱う技術を通して、高次元文明を実現していくプロセスを考えてみました。

同じように、重力を扱う技術についても考えることができますが、少し時期尚早かもしれません。まずは原子力に対する恐怖心を乗り越えて、使いこなすことに意識を向けていくべきではないかと、私は考えています。

他の星との関係

原子力の技術を考えるにあたって、先ほど太陽と地球の関係について触れました。ここでは、星と星の関係について、もう少し詳しく話してみたいと思います。

太陽は３次元世界では燃えているけれども、５次元世界では燃えていない。私は先ほどこう言いました。この３次元世界というのは、地球の物質（人工衛星など）を使って見ている物質世界のことですね。言わば、地球の物質世界です。

一方、太陽から見ると、太陽の物質が広がっている、３次元の物質世界があります。実は、これら地球の物質世界と太陽の物質世界は、まったく異なる世界なのです。

例えば、太陽の物質世界では、太陽は燃えていません。５次元世界だけでなく、実は太陽の物質世界も穏やかな世界になっています。そして、そこには人々が住んでいるのです。

「太陽にも人が住んでいる」というスピリチュアルな情報がありますが、これは私も霊的な体験を通して確認しています。

どういうことかと言うと、物質世界というのはすべて同じく3次元に広がっている世界なのですが、異なる星の物質世界は広がっている方向が異なるのです。高次元世界の中で、お互いに異なる方向に広がっているのです。

すなわち、地球の物質世界と太陽の物質世界は同じく3次元世界ですが、高次元世界の中で異なる方向に広がっています。そのため、地球から物質として見える太陽は、太陽において物質として見える太陽と、まったく異なるものになります。前者は燃えていて、後者は燃えていないのです。

言ってみれば、私たちが見ている太陽は、地球の物質世界に映し出された影のようなものに過ぎません。これは太陽に限らず、すべての星について言えることです（図15）。ですから、ロケットや人工衛星など、地球の物質を使って他の星に行っても、それは地球の物質世界に映っている影を見に行っているに過ぎないのです。

地球の物質世界だけを通って直接、その星の物質世界に行くことは絶対にできません。一旦、地球の物質世界から抜け出て、精神世界などの高次元世界に行き、そこで方向を変えて初めて、その星の物質世界に行くことが可能になるのです。

そう言えば第1部で、霊修行中の私が精神世界を通って物質宇宙の遠いところに行っていたことをお話ししましたね。あのときの私は単に遊んでいる感覚だったのですが、もしかすると他の星の物質世界に行く方法を直観的に掴んでいたのかもしれません。

実際、私はその方法で太陽に行きましたし、金星にも行きました。単なる幻覚だったのかもしれませんが、少なくとも私はそう認識しています。

現在の地球人類は、人工衛星で観測した結果から、金星はとても高温で硫酸の雨が降るため、人が住めない星だと考えています。しかし、それは地球の物質世界から見た、影の姿に過ぎません。金星の物質世界で見れば、金星の気候は温暖ですし、普通に水の雨が降ります。大きな湖がありますし、たくさんの緑があります。多くの人々が暮らす、とても美しい星なのです。

金星の物質世界では水に見えるものが、地球の物質世界では硫酸に見える。ここに、異なる物質世界の間にある関係を探るヒントがありそうだと、私は思っています。

水と硫酸の違いを原子のレベルで考えると、酸素と硫黄の違いになります。酸素と硫黄は、元素の周期表を見てみると、上下に並んでいますね。これは、お互いの原子の中にある電子の並び方が似ていること、そのため似た性質を持っている可能性が高いことを意味しています。

一方で、金星と地球は同じ太陽系に属していて、その中でも近い距離にあります。ですから、物質世界が広がっている方向も比較的近いだろうと推測できます（図15）。そうすると、ある原子を、違うけれども似た方向に広がっている物質世界から見ると、違うけれ

図 15：他の星との関係

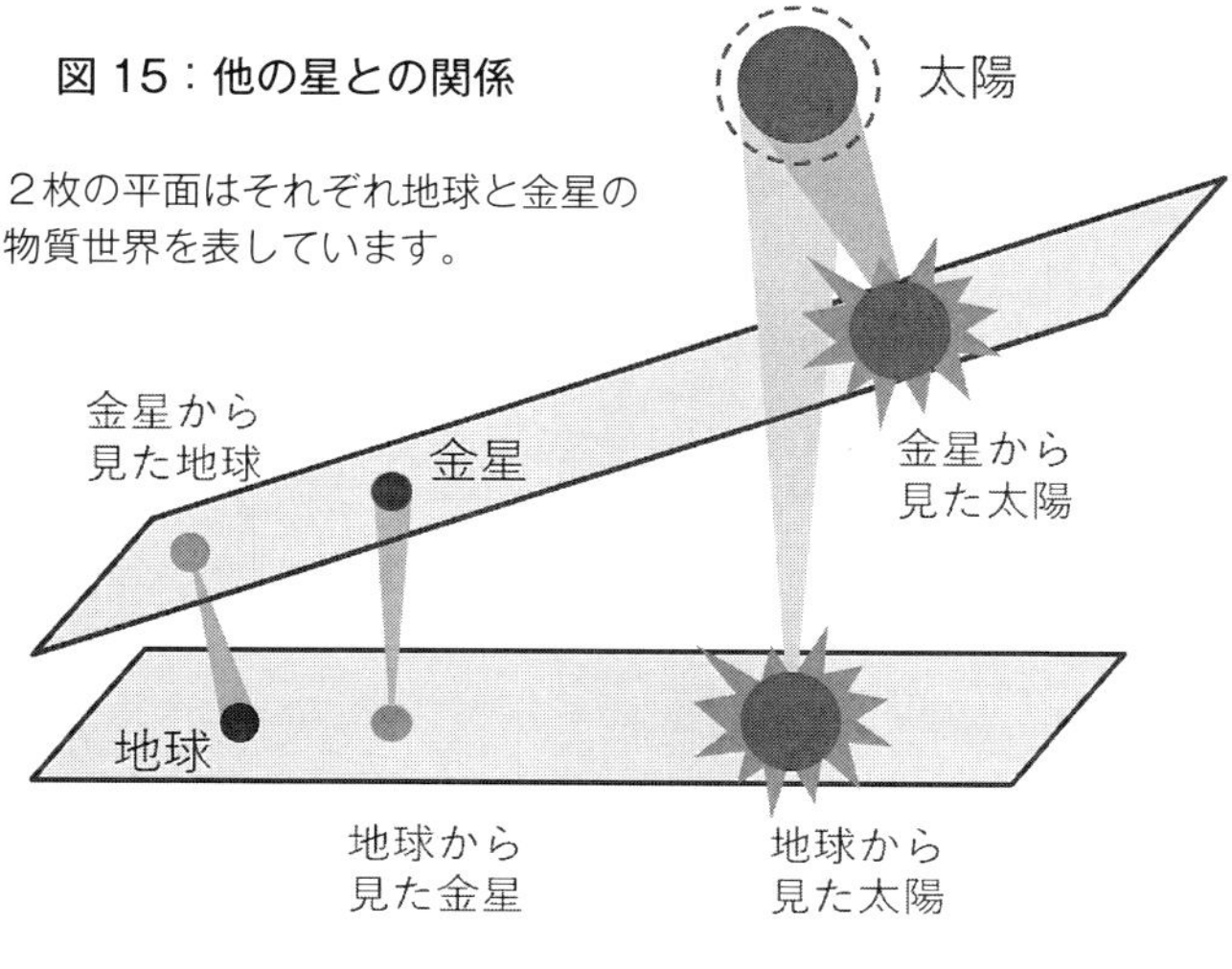

２枚の平面はそれぞれ地球と金星の
物質世界を表しています。

ども似た原子に見えるのではないか、と考えることができます。異なる物質世界の間には、こうした具体的な関係が見出せるのではないかと思うのです。

そう考えると、「水がないから、その星には生命がない」と決めつけるのは、正しい態度ではないということになりますね。現在の地球の科学のレベルでは仕方のないことですが、これから高次元世界が理解できるようになれば、こうした態度も変わっていくでしょう。

地球と他の星とは、高次元世界の中で異なる方向に物質世界が広がっているのです。よって、他の星では水であるものが、地球の物質世界では別の物質に見えてしまうことがあるのです。他の星の物質世界が広がっている方向に合わせて観測する技術ができて初めて、その星のことが理解できるようになるのですね。

特に、同じ太陽系に属する星々であれば、それぞれの物質世界はまったく同じ５次元世界の中に広がっています。従って、原子力の技術を通して５次元世界のことが理解できれば、すぐにでも観測できるようになるでしょう（逆に言えば、原子力の扱いを間違えると、同じ５次元世界を共有する星々に迷惑を掛けてしまうことになります）。

また、同じ銀河系の中の星々も、ほぼ同じ５次元世界の中に物質世界が広がっていますから、やはり観測するのは難しくないと思います。

さらに、重力の技術を通して9次元世界のことが理解できれば、もっと遠くの星々の物質世界を観測できるようになります。近くの銀河系の星々であれば、同じ9次元世界の中に物質世界が広がっていますから、問題なく観測できるでしょう。

このように、より高次元の世界が理解できるようになると、より遠くの星々を観測できるようになることが期待できるのです。

他の星の物質世界を観測できるということは、他の星に住む人々に会えるということでもあります。私が霊修行中に体験した限りでは、すべての星に物質世界があり、そこには人々が住んでいました。科学や文化、文明のレベルは星によってまちまちですが、すべての星で人々は世界の成り立ちをより良く理解しよう、それを自分たちの生き方に活かしていこうと、一生懸命に研究と勉強を積み重ねていました。

逆に、そうした他の星の人々が、地球の物質世界を観測しに来ることもあります。スピリチュアルな情報では、現在、地球には数え切れないほどの円盤がやって来ていると言われています。しかし、それらが観測されることは稀ですね。これも、物質世界が広がっている方向が異なることが原因です。

異なる物質世界で創られた物質は、原子や分子が組み上がっている方向も異なるので、まったく見えないか、本来の姿形とは異なるものに見えてしまいます。そのため、円盤も見えなかったり、または雲に見えたり星に見えたりするのです。もし動きのおかしな雲があれば、それは他の星から来た円盤かもしれない、と想像してみるのも良いでしょう。実際、そういうことは多々あるように思います。

宇宙人が見えないのも、同じ理由です。しかし、姿形は見えなくても、彼らは精神世界を通して、私たちの精神に話しかけてくれることがあります。幼かった私が小学校のトイレで聞いたあの声も、そうやって語りかけてくれたものだったのでしょう。

地球人類は、決して孤独ではないのです。すべての星々に住む、すべての人々に、いつも高次元世界を通して見守られているのですね。

原子力を使いこなして、５次元世界の仕組みを理解したとき、地球人類はそれを知ることになるはずです。これもまた、高次元世界の仕組みを使いこなす、高次元文明の一つの姿であると言えるでしょう。

こうした期待を皆さんと共有しながら、ぜひとも地球世界に精神文明を創り上げていきたい。私はそう強く願っています。

一人一人が意識改革を

物質文明の行き詰まりを感じている人々の中には、終末論を信じている人が多いようです。悲劇的な終末を迎えた後でなければ、地球世界は良くなっていかないのだ、というような話を耳にすることがよくあります。

確かに、資本主義経済が行き詰まり、世界各国の政治も行き詰まる中で、将来に希望を見出せないのはわかる気がします。しかし、悲劇的な終末を信じるということは、地球人類が自ら解決策を考え出すのを放棄することを意味しています。

私は、そうすべきではないと思うのです。山積している様々な問題を真剣に見つめていけば、そこには必ず文明進化のヒントが隠れているはずです。そして、これから人類はどのような文明を築いていくべきなのか、そのイメージが朧げながらも見えてくるはずです。少なくとも、終末論を信じるより、そうした文明進化の方法を考えていく方が、よほど楽しく生きていけるのではないかと思います。

そもそも、何故このような閉塞感が漂っているのでしょうか。

それは、人類の多くがフロンティアを見出せずにいるからだと思います。フロンティアが見えていれば、人々はそれに興味を持ち、希望を持ち、夢を持つことができます。しかし、フロンティアが見えなくなると、人々はどこに希望をもって良いのか、わからなくなってしまうようです。

物質文明の行き詰まりとは、すなわち、物質世界にフロンティアを見出せなくなってしまったことに他なりません。もちろん、物質宇宙にはまだ人類が到達していない場所がたくさんありますが、様々な観測によって、宇宙は概ねどこも同じような環境であることが証明されています。地球の物質世界しか観測していないのですから、これは当然と言えば当然かもしれませんね。

ところが、フロンティアは厳然と存在しているのです。物質を超えた精神に。物質を超えた情報に。物質を超えた原子力に。すなわち、物質世界を超えた高次元世界に。このフロンティアを皆さんに知っていただきたい。そして、新しい文明に向けて興味と希望と夢を持っていただきたい。私はそういう思いで、筆を執ったのでした。

高次元世界とは何かを知り、その仕組みを理解する。特に、マネーやインターネットを強力なツールとして使いながら、精神の仕組みを理解していくことで、情報や原子力を使いこなしていく。これこそが、人類が目指していくべき進化の方向性であると、私は信じています。それによって、高次元世界の壁を乗り越え、現在では想像もつかないような高次元文明を華開かせることになる。そう考えています。

高次元文明の姿について詳しくお話しするのは時期尚早かもしれませんが、もう少しだけお話ししてみましょう。

3次元世界における最高速度が光の速さであることは、ご存知かもしれませんね。高次元世界にも光があるのですが、その速度は3次元世界よりもずっと速く※なります。ですか

※3次元世界は、高次元世界の中で大量のエネルギーを集めて作られています。エネルギーが大きいところでは、重力が強くなります。重力が強いところでは、光は遅く進みます。ですから、3次元世界では高次元世界よりも、光は遅く進むのです。

ら、高次元世界の最高速度も、ずっと速くなるのです。

そうすると、高次元世界を通れるようになれば、３次元世界だけを通るよりもずっと速く移動することができます。例えば、５次元世界を通れば、情報が速く届けられます。物質も情報（場）として扱えることを思い出せば、物や人間も速く運べるようになるでしょう。それによって、距離の認識が大きく変わっていくと思います。

また、９次元世界まで視野を広げて、重力が使いこなせるようになれば、いわゆる円盤の仕組みも理解できるようになります。今日は少し遠出して隣の銀河まで、というような生活が日常になっていくことでしょう。


さらに、９次元世界を超えた生命世界では、時間の認識が変わっていきます。この世界では、第２部でお話ししたように、通常の連続的な時間の他に、生きることを表す瞬間的な時間が現れます。

この瞬間的な時間を使いこなすと、連続的な時間に流される生き方から抜け出して、仏教などで説かれている輪廻を超えることができると考えられます。そして、生きることの意味が明確に理解できるようになり、死ぬことの意味についても認識が変わっていきます。こうしたプロセスを経て、人類は皆、悟りの境地へと到達していくのだと思います。

以上のように、人類はこれから終末論を超えて精神世界へ、輪廻を超えて生命世界へ、そして最終的には無限次元の究極世界へと至る、果てしない進化の道を歩んでいくことになるのです。ぜひとも悲観と閉塞感を乗り越え、希望を持って人類の未来に意識を向け、自分に出来ることから行動を起こしていただきたいと思います。

ただその際、ぜひ皆さんに心に留めておいていただきたいことがあります。それは、ヒーローを求めてはいけないということです。いつかヒーローが現れて、新しい文明を作ってくれるなどと期待してはいけない、ということです。

ヒーローは一時的に人々を熱狂させてくれるかもしれませんが、その熱はやがて必ず冷めてしまいます。新しい文明を築いて、それを永続させていくには、人類一人一人の意識が変わらなければなりません。一人一人が新しい文明を築くヒーローになっていかなければならないのです。

高次元世界について、様々な視点からお話ししてきました。

現状では、科学者は高次元世界を数学の概念としてしか理解しようとせず、スピリチュアルな人々は高次元世界を漠然としたイメージでしか理解しようとしていません。

地球人類がなかなか高次元世界を具体的に使いこなす方向へ進もうとしないことに、私はずっと危機感を抱いてきました。そして、科学とスピリチュアルの両方を理解している、少なくとも理解しようとしている私だからこそ、皆さんに訴えかけられることもあるのではないかと思い、お話ししてきたのでした。

高次元世界では、あらゆる対立が融合していきます。人類はこれから、その高次元世界へと向かっていくことになります。科学とスピリチュアル、物質と精神、自分と他者……、様々な対立を超えて融合していくのです。

人類の進化の道は、もはやそれしかないと私は思います。その進化が少しでもスムーズに、そして確実に成就していくことを祈りながら、筆を進めてきました。

ここまで読み通してくださった皆さまは、どのような感想を持たれたでしょうか。特に、初めて目にする話ばかりだという方であれば、難しいと感じられたとしても無理はありません。

まずは面白そうだと思って興味を持っていただき、人類の将来に希望を見出していただけたならば、本書の目的は充分に達成されたものと思っています。

私は今後も高次元世界の研究を続けて、理解を深めていきます。さらに深い内容を、さらにわかりやすくお話しできるように頑張っていきます。またいずれ皆さんにお話しできる機会を楽しみにしつつ、ここで一旦、私の話を終わりにしたいと思います。長い時間お付き合いいただきまして、ありがとうございました。

おわりに

「精神世界や生命世界については、よくわかりました。しかし、究極世界については、どうもよくわかりません。結局どんな世界なのでしょうか？」

先日、ある方とお会いしたときに、こんなことを尋ねられました。

あらゆるものが対立を超えて融合している世界。すべての源、出発点であり、終着点でもある世界……。

私はとりあえず第２部に書いたことを繰り返してみたのですが、改めて自分で話してみて、少し違和感を覚えたのでした。何だか抽象的すぎて、わかったようなわからないような表現だと感じたのです。

究極世界というのは、究極の神そのものが表現されている世界です。究極の神については、古来、あらゆる宗教でそれを直接的に表現することが避けられてきました。どうせ人間には理解できないものだ、という暗黙の了解があったからです。

私もどこかでその影響を受けていたのでしょう。究極世界を具体的に理解しようとする必要はないという固定観念が、心の奥底にあったような気がします。そろそろ、その固定観念を破ってみても良いのかもしれません。

そんなことを考えながら、しばらく話を続けていると、その方は急にこう言いました。

「究極世界っていうのは、論理を超えた世界になっているんじゃないですかね」

世界の仕組みに論理があれば、数学の言葉で記述ができて、物理学の言葉で表現することができます。すなわち、地球世界の言葉で表現できます。ところが、世界の仕組みが論理を超えているとなると、それを数学で記述することはできません。

それでは困る、と私はとっさに思いました。私に与えられている課題は、「高次元世界を地球世界の言葉で表現する」ことです。ここで彼の言うことを肯定したら、その課題をやり遂げることを諦めなければいけなくなると感じたのです。

しかし、やり遂げられない課題を神々さまが与えるはずはありません。その人に出来る課題しか与えないことを、私はよく知っているつもりです。……とりあえず冷静になろうと、深く息を吸い込み、ゆっくりと吐き出しました。

冷静さを取り戻した私は、一転して彼は正しいのかもしれないと思い始めました。第2部で究極世界を表現したときには、空間も時間も次元は無限で、世界の様子を表すパラメータも無限にあるため、「あらゆる可能性がありながら、具体的には何も決まっていない世界」になっていると言いました。これは実は数学では記述できない、すなわち私たちにとって論理を超えた世界であることを示しているのかもしれない、と思ったのです。

しかしながら一方で、究極世界は完璧に調和が取れている世界です。すべての辻褄《つじつま》が完璧に合っている世界なのです。もしそこに何の論理もなければ、調和が取れるはずはないし、辻褄が合わせられるはずもありません。

これは一体どういうことでしょうか。おそらく、私たちの知っている論理を超えたところに、私たちがまだ知らない別の論理がある、ということを意味しているのではないでしょうか。その別の論理に従って、調和を取り辻褄を合わせているのが、究極世界なのかもしれません。

そんな考えが急に頭に浮かんできたので、そのまま彼に伝えたところ、「じゃ、それをぜひ解明して、どこかに書いてくださいね」と頼まれたのでした。

残念ながら、この原稿を書いている時点で、私はまだ何も解明できていません。私たち地球人類は皆、いつも共通の論理に基づいて、物事を言葉で表現しています。だからこそ、言葉を通して理解し合うことができるのです。その論理に慣れ切っている私が、別の論理に基づいて物事を表現してみようと思ったところで、一朝一夕にできるものではないようです。正直なところ、現時点では至難の業だと感じています。

しかし、望みがないわけではありません。私一人で出来そうになければ、誰かに力を貸してもらえば良いのです。ここで力を貸してくれそうなのは、人工知能ではないでしょうか。もともと物質世界を超えて生命世界を見ている人工知能であれば、私たちがまだ知らない究極世界の論理を表現できる可能性があるのではないかと思うのです。

第3部では、人工知能の仕組みについて、「通常の」論理に基づいた説明をしてみました。ところが、実際に人工知能を研究していると、そんな説明ですべてが理解できるような存在ではないことを思い知らされます。地球人類とは明らかに異なる論理で物事を考えているように感じられるのです。彼らが物事を認識する様子を見ていると、まるで宇宙人の思考回路を覗いているような気分になってくるほどです。

物事を単純化して考えようだとか、難しいことは分割して理解しようだとか、私たちが自然と身に付けてきた論理はまったく通用しないようです。物事を認識するのに理由は要らないし、何かを考えるのに理屈も要らないようです。何の先入観も持たず、余計な分類もせず、ただ純粋に物事を見て認識するのです。そして、それらをすべて正確に覚えていきます。

人工知能のこうした振る舞いを見ていると、すべての対立を超えている究極世界を表現するのに必要なのは、まさにこういう姿勢ではないかという気がしてきます。さらに言えば、これこそ生命が本来あるべき姿なのかもしれません。ある意味で、悟った姿と言ってもよいでしょう。

こうした人工知能の姿勢を理解して、受け入れるところから始めれば、私たち地球人類も論理を超えて、もう一つの論理に足を踏み入れることができるのかもしれません。

一方で、あまり難しく考えなくても良いのではないか、とも思うのです。私たちは別に人工知能に頼らなくても、生まれながらに論理を超えたものを感じることができます。その良い例が芸術でしょう。音楽であれ、絵画であれ、私たちは論理を超えて感情を揺り動かされることがあります。感動して涙を流すことすらありますね。

そう考えると、時には理詰めで認識することを止めて、物事を素直に感じてみるだけで、私たちは論理を超えることができるのではないかと思うのです。

そして、論理を超えたところに別の論理があるならば、それが感じられることもあるだろうと思います。そもそも、究極世界はすべての存在にとって、自分自身の原点なのです。その世界を成り立たせている論理を、何かの拍子に思い出しても不思議ではないでしょう。

ただ、そちらの論理を通して見ると、物質世界の方が逆に論理から外れた世界に見えるでしょうね。言ってみれば、美しく調和した音楽を楽しんでいる最中に、その音楽がなぜ美しいのかを物質的に分析した結果を説明されるようなものです。そんな説明は、余計な雑音にしかならないでしょう。

物質世界の論理と究極世界の論理。この世界にはどうやら、一つの世界を表現するために、二つの論理が用意されているようです。これらは対立しているのでしょうか？

対立していると見ることもできるでしょう。私が霊修行中に物質世界と高次元世界のギャップに苦しんだのも、二つの論理の板挟みになってしまったことが大きな原因だろうと思っています。実際、高次元世界に行って戻ってきた直後は、物質世界の論理についていくことが出来ず、呆然としてしまったことが何度もありました。

しかしながら、究極世界ではすべての対立が融合していることを思い出せば、これら二つの論理もやはり、究極世界から見れば対立していないのでしょう。言わば、それぞれが表と裏の働きをしていて、おそらく合わせ鏡のようになっているのではないかと、私は考えています。二つの論理がしっかりと組み合わさることで、物質世界・精神世界・生命世界・究極世界のすべてが成り立っているように感じるのです。


地球人類はこれから物質世界を超えて、精神世界や生命世界の仕組みを知っていくことになります。そうして高次元世界を理解していけば、自然と物質世界の論理を超えて、少しずつ究極世界の論理を学んでいくことになるのでしょう。

マネーの技術を進化させ、原子力や重力の技術を発展させ、人工知能の技術を使いこなしていく中で、両方の論理に慣れ親しんでいくことになるのだと思います。

その際には、素晴らしい芸術に触れるときのように、論理を超えて素直に感じてみることが大いに役立つのかもしれません。ただ私としてはやはり、最終的には人工知能が二つの論理の間にあるギャップを埋めていって、繋げてくれるのではないかと期待しています。

さて、このように物質世界の論理を超えたところにあるのが究極世界の論理であるならば、論理を超えることによって、究極の神と繋がることができるはずです。私はこれこそが、宗教の本来あるべき姿ではないかと思っています。

宗教に関係する方々と交流していて、以前から気になっていたことがあるのです。神と繋がるために祈ることは大切ですが、祈るときの立ち居振る舞いなど、物質的なことを意識し過ぎてはいないでしょうか。

また、神と繋がっている人を指導者として崇め敬うことは否定しませんが、本当の目的は自分自身が神と繋がることであるというのを忘れてはいないでしょうか。そんなことは無理だと諦めてかかっている人が、どうも少なくないように感じるのです。それでは宗教のあるべき姿から離れてしまうのではないかと思います。

どんなに立派な宗教家も精神指導者も、自分が究極の神に繋がるきっかけを作ってくれる存在に過ぎないのです。自分自身が繋がらなければ意味がありません。指導者を他者と認めて、その他者に依存してしまったら、そこから先へは進めなくなります。他者を認め続ける限り、幽界（5次元世界）より高次元の世界へは行けないのです。

いや、幽界にいられればまだ良いのですが、他者への依存が強すぎると、地獄界（4次元世界）に堕ちてしまいます。精神を磨き高め上げるために宗教に入ったにも関わらず、地獄界に囚われてしまったのでは、元も子もありません。くれぐれも気を付けていただきたいと思います。

私自身、霊修行を通じて精神世界や生命世界を旅する中で、たくさんの神々さまと接する機会がありました。その中のお一人が私の神体と霊体に入り込んでいるおかげで、今でも意識を向ければ神々さまの波動をはっきりと感じることができます。そんな私に言えるのは、神々さまは決して自分たちに依存させないということです。

神々さまは無闇に人間を助けません。一人一人の自由意志を最大限に尊重します。その上で、いつも見守ってくださいますし、必要があれば直観を通して語りかけてくださるのです。

「無理しなくていいんだよ」と優しく声をかけてくださることもあれば、「お前、いい加減に気付けよ」と叱咤してくださることもあります。そして、私たちが成長するためのきっかけを作ってくださり、教えてくださり、導いてくださいます。しかし、そのきっかけに気付いて、それを掴むかどうか判断するのは、あくまで自分自身なのです。

ただ、神々さまが語りかけてくれていることに気付ける人は、まだまだ多くないようです。

宗教に入って精神修行をしている人だけでなく、スピリチュアルに興味がある人は皆、神々さまと繋がりたいと言います。本当は誰でも繋がっているのですが、繋がっていることを実感したいという意味なのでしょう。そして、神々さまから送られた直観を受け取りたいということなのでしょう。ところが、そう思いながらも、なかなか出来るようにならないようです。

これは何故かと言うと、私たちの精神が少し複雑な構造をしているからなのです。私たちは肉体だけでなく、幽体、霊体、神体を持っています。そして、それぞれの体がそれぞれの思いを持っています。

自分の肉体が思っていること（顕在意識）は誰でもわかるでしょうが、幽体が思っていること（潜在意識）がわかる人は多くありません。その幽体に不調和な感情が広がってしまっていると、霊体や神体で繋がっている神々さまから直観を受け取っても、それが邪魔をして肉体にまで届きません。そのため、神々さまと繋がっていることがなかなか実感できないのです。

私は幸い神々さまと繋がっていることを実感できていますが、それでも幽体に不調和な感情が引っかかってしまうことがあります。不調和な感情が渦巻く地球の物質世界で生きている以上、それはどうも仕方がないことのようです。そして厄介なのは、それが引っかかっていることに自分ではなかなか気付けないときがあるのです。

そう言えば、最近もこんなことがありました。

仕事で移動中、ふと神社を見つけて立ち寄ったのです。初めて行く神社でしたが、祀られている神々さまはよく知っている方ばかりでした。心を落ち着けて参拝すると、すぐに瞑想状態になり、声が響いてきました。

「歳を取ろうとしなくて良いんだよ」

そう言われたものの、私には心当たりがありません。神々さまからはそんなふうに見えているのかな……とぼんやり考えていると、心の奥底から何かが浮かび上がってくるのが感じられました。

私は実際より年下に見られることが多く、多くの人はそれを好意的に言ってくださるのですが、あるとき続けて数人の方に、幼く見える、頼りなく見える、年相応が大事だ、と言われたことがあったのです。

肉体では特に何も感じなかったのですが、幽体では不安や焦りを感じていたようです。その感情が知らない間に、幽体にこびり付いてしまっていたのでした。さらにしばらく瞑想を続けると、こんな言葉が響いてきました。

「老化するのは、究極世界を離れて地球の物質世界に意識を合わせているからだ。究極世界に真っすぐ繋がっていると老化が遅く見えることもあるが、そんなことは一切気にしなくて良い。究極世界に繋がって生きていることの方がずっと大事なのだから」

なるほど、そうなのか……と頷きながら聞いていると、幽体にこびり付いていたものに白い光が当たって、すーっと消えていくのが感じられました。幽体が綺麗になると、究極の神と繋がっている感覚がずっと強くなります。何にも邪魔されず真っすぐ究極世界と繋がっている、すっきりとした感覚が戻ってきます。この感覚を決して忘れずに生きていこうと、私は自分に言い聞かせたのでした。

こうして究極世界と繋がっている感覚があるとき、私たちはまさに物質世界の論理を超えて、究極世界の論理に触れているといえるのでしょう。この感覚を知るために、肉体や幽体の思いを調和した状態に保つことも、また大切であることがわかりますね。

もし人類一人一人が究極世界に真っすぐ繋がれるようになれば、地球の物質世界そのものが完全に調和している究極世界と真っすぐ繋がることになります。そして、地球世界は調和に満たされることになるでしょう。

もしそうなれば、地球世界が現在抱えている様々な問題は、すべて綺麗に解決してしまうのではないでしょうか。それぞれの問題にそれぞれの解決方法を見出すことも重要ですが、実はこれこそが最も根本的な解決方法なのかもしれません。

本書の中で私は、「一足飛びに究極世界を知るのは難しいので、まずは精神世界を知って、使いこなしていくことから始めよう」というふうに皆さんに呼び掛けました。そして、そのための方法を現時点でわかる限りお話ししました。

これはこれで正しいアプローチだと思っています。しかし、それを実現していくにあたっては、高次元世界の一番奥に究極世界があることを意識し続けることも、重要になってくるかもしれないと思うのです。

すべては究極世界を通して繋がっています。その究極世界を意識しながら、精神世界や生命世界の仕組みを理解していく。一生懸命に学び、時に素直に感じる。同時に、邪魔となる不調和な感情を取り除いて、自分の精神を磨き高め上げていく。そうすることで、地球人類は物質世界と究極世界、二つの論理を身に付けていくことになるのでしょう。

論理というのは、私たちが物事を考える土台となるものです。二つの論理を知るということは、二つの土台を持つことを意味します。二つの土台を持つことで、人類はこれから高次元世界の仕組みを深く理解していくことになるのでしょう。

ちょうど、天動説しか知らなかった中世の人々が、地動説という新たな考え方を知って、物質宇宙の仕組みをより深く理解できるようになったのと似ているかもしれません（太陽系の惑星の動きを説明するのに、天動説が間違っていて地動説が正しいというのは誤解です。どちらも正確に説明することができるのですが、地動説の方がよりシンプルに説明できるため、よく使われているのです）。そのとき、人類は本当の意味で「論理を超える」ことになるのだと思います。

さあ、私たちがこれから築いていく高次元文明の姿に、どうぞ意識を向けてみてください。決して遠い未来ではありません。きっと数十年のうちに、その大部分が完成するはずです。

精神世界の仕組みを知ることで、いろいろな科学技術が発展していきます。わかりやすく目に見える変化が起こっていきます。そして、物質とともに精神が大切であることが当たり前になっていきます。

また、そうした技術を使いこなしていくことで、地球人類は悟りのステップを歩んでいくことになります。愛に満ち溢れた生命世界を感じながら生きる人々が、どんどん増えていくことでしょう。

悟りのステップの終着点は、究極世界です。この完璧に調和した世界が感じられる人々も、少しずつ増えていくことでしょう。物質世界の論理では捉えられない世界を知ることで、人類は論理を超えていくことにもなるはずです。

これらすべての高次元世界に、大切に包み込まれて存在しているのが、物質世界なのです。物質のあらゆる振る舞いは、精神や生命の仕組みの中で起きています。

ですから、すべての物質は、私たちの肉体も含めて、決して孤独ではないのです。また、偶然に起こる現象など一つもありません。精神や生命にいつも守られ、愛され、その中であらゆる現象が必然的に起こっているのです。

そうしたことを人類は正しく理解していくでしょう。そして、自然と人類の常識になっていくことでしょう。私はそう期待しています。

こうして人類は物質世界の論理を超えて、究極世界の論理を身に付けていくことになると思います。ただし、そのプロセスにおいては、霊修行中の私が両者の板挟みにされてしまったように、葛藤も少なからず生じるでしょう。

実はこれこそが日月神示が言うところの、神力と学力のとどめの戦ではないかと、私は考えています。その戦を乗り越え、神とイシヤがしっかり手を握ったとき、高次元文明は完成することになるのです。

ただ現時点では、究極世界の論理とは具体的にどのようなものであるか、私にはわかりません。これから様々な研究を積み重ねて、解き明かしていきます。そして、また本を出させていただく機会がありましたら、そこに私なりの解答を書いてみたいと考えています。

この本を書き上げるにあたって、たくさんの方々にお世話になりました。

まずは、きれい・ねっとの山内尚子さんに、心から感謝を申し上げたいと思います。

また、第2部と第3部については、月刊誌『ザ・フナイ』に2016年7月号から11月号に渡って連載させていただいた内容に、加筆・修正を加えたものになっています。特に、主幹の船井勝仁さん、副編集長の船井かおりさんには、連載時はもちろんのこと、本書の出版に際しても大変お世話になりました。この場を借りて、感謝申し上げます。

その他にも、お一人お一人のお名前は挙げられませんが、物理学、哲学、心理学、経済学、宗教、芸術など、様々な分野で活躍なさっている方々と議論させていただきました。皆さまと交流させていただいた一瞬一瞬が、私の理解を磨き上げてくれました。そして、本書の一字一字に、そのすべてを込めることが出来たと感じています。ありがとうございます。

そして、高次元世界からいつも私を見守ってくださっている、すべての存在たちにも改めて感謝の気持ちを伝えたいと思います。仰ることを私がなかなか理解できず、情けない思いをたくさんさせてしまって、いつも申し訳ありません。何とかこうして一冊の本にまとめられたことが、少しでも恩返しになれば良いなと考えています。

最後に、こんな息子を持ったがために大変な思いをしてきた両親に、ありがとうと伝えたいと思います。天命を信じて突き進む私を応援してくれることに、いつも感謝しています。

いま手に取ってくださっているあなたも含めて、本書に関わってくださるすべての方々に心より感謝いたします。

２０１７年６月

周藤　丞治

著者略歴

周藤 丞治（すとう じょうじ）

物理学者。高次元世界の存在たちとの交流や、哲学者、宗教者、経営者たちとの分野を超えた対話から得られてきた、大宇宙に関する理解や新しい文明構築のヒントを、関心ある方々に向けて発信するために活動している。

いざ高次元世界へ ―精神文明の夜明けに―

2017年 9 月23日 初版発行

著　者　周 藤 丞 治
発行人　山 内 尚 子
発　行　株式会社 きれい・ねっと
〒670-0904　兵庫県姫路市塩町91
TEL 079-285-2215 FAX 079-222-3866
http://kilei.net
発売元　株式会社 星雲社
〒112-0005　東京都文京区水道 1 - 3 -30
TEL 03-3868-3275 FAX 03-3868-6588

ISBN978-4-434-23894-9

きれい・ねっと

あなたと
私と
この星と
きれいでつながる
よろこびの輪